ISW 29

Berichte aus dem Institut für Steuerungstechnik
der Werkzeugmaschinen und Fertigungseinrichtungen
der Universität Stuttgart

Herausgegeben von Prof. Dr.-Ing. G. Stute

J. BERNER

Verknüpfung fertigungstechnischer NC-Programmiersysteme

Springer-Verlag Berlin Heidelberg GmbH

D 93

Mit 53 Abbildungen

ISBN 978-3-540-09575-0   ISBN 978-3-642-46412-6 (eBook)
DOI 10.1007/978-3-642-46412-6

Vorwort des Herausgebers

Das Institut für Steuerungstechnik der Werkzeugmaschinen und Fertigungseinrichtungen der Universität Stuttgart befaßt sich mit den neuen Entwicklungen der Werkzeugmaschine und anderen Fertigungseinrichtungen, die insbesondere durch den erhöhten Anteil der Steuerungstechnik an den Gesamtanlagen gekennzeichnet sind. Dabei stehen die numerisch gesteuerte Werkzeugmaschine in Programmierung, Steuerung, Konstruktion und Arbeitseinsatz sowie die vermehrte Verwendung des Digitalrechners in Konstruktion und Fertigung im Vordergrund des Interesses.

Im Rahmen dieser Buchreihe sollen in zwangloser Folge drei bis fünf Berichte pro Jahr erscheinen, in welchen über einzelne Forschungsarbeiten berichtet wird. Vorzugsweise kommen hierbei Forschungsergebnisse, Dissertationen, Vorlesungsmanuskripte und Seminarausarbeitungen zur Veröffentlichung.

Diese Berichte sollen dem in der Praxis stehenden Ingenieur zur Weiterbildung dienen und helfen, Aufgaben auf diesem Gebiet der Steuerungstechnik zu lösen. Der Studierende kann mit diesen Berichten sein Wissen vertiefen.

Unter dem Gesichtspunkt einer schnellen und kostengünstigen Drucklegung wird auf besondere Ausstattung verzichtet und die Buchreihe im Fotodruck hergestellt.

Der Herausgeber dankt dem Springer-Verlag für Hinweise zur äußeren Gestaltung und Übernahme des Buchvertriebs.

Stuttgart, im Feburar 1972

Gottfried Stute

Inhaltsverzeichnis

Schrifttum

[1] Stute, G.   Neue Bauelemente der Steuerungs-
                              technik.
                              wt-Z.ind.Fertig.66(1976)H.12,
                              S.679...682.

[2] DIN 44300   Informationsverarbeitung,Begriffe.
                              März 1972.

[3] Eitel, H.   NC-Programmiersystem. Beitrag zur
                              numerischen Verarbeitung eines geo-
                              metrischen Werkstückbeschreibungs-
                              systems.
                              Berlin, Heidelberg, New York:
                              Springer Verlag, 1973.

[4] Debus, A.   Struktur und Aufbau fertigungstech-
     Storr, A.   nischer Programmiersysteme bei inte-
                              grierter Datenverarbeitung.
                              wt-Z.ind.Fertig.66(1976)H.3,
                              S.143...148.

[5] Steinbuch, K.   Taschenbuch der Informatik Band II.
     Weber, W.   Struktur und Programmierung von
                              EDV-Systemen.
                              Berlin, Heidelberg, New York:
                              Springer Verlag, 1974.

[6] Autorenkollektiv   Elektronische Datenverarbeitung bei
                              der Produktionsplanung und
                              -steuerung I.
                              VDI-Fachgruppe Betriebstechnik (ADB)
                              Düsseldorf: VDI-Verlag,1971.

[7] Sohlenius, G.   Integrierte Informationsverarbei-
                         tung in der industriellen Produk-
                         tion.
                         ICM-70, S.131...137. Herausgeber
                         Verein Deutscher Werkzeugmaschinen-
                         fabriken, Frankfurt/M.

[8] Sauermann, M.H.   Moderne Organisationsformen des in-
                         dustriellen Qualitätswesens.
                         Qualität und Zuverlässigkeit QZ,
                         18(1973)H.2, S.25...32.

[9] Eversheim, W.,   Stand und Entwicklungstendenzen der
     Stute, G.,   NC-Technik.
     Klug, H.G.,   wt-Z.ind.Fertig.65(1975)H.5,
     Pfau, D,   S.281...287.

[10] Adamczyk, D.   Automatisierung der Fertigung durch
                         maschinelle Programmierung von NC-
                         Maschinen.
                         RKW-Schlußbericht, D125/70(71)-1973.

[11] Kief, H.B.   NC-Handbuch 78.
                         Michelstadt, Stockheim:
                         NC-Handbuch Verlag, 1978.

[12] ISO/TC97/SC9   Numerical Control Processor
                         Input-Basis Part Program
                         Reference Language.
                         Document 97/9 N 51, ISO/TC97/SC9.
                         July 1975.

[13] FNI-5.5/7-77   Programmierung numerisch gesteuerter
                         Arbeitsmaschinen, Prozessoreingabe-
                         sprache.
                         Normenentwurf des Normenausschusses
                         Informationsverarbeitung des DIN.

[14] Stute, G.   EXAPT- Möglichkeiten und Anwendung
                               der automatisierten Programmierung
                               für NC-Maschinen.
                               München: Carl Hanser Verlag, 1969.

[15] DIN 66215   CLDATA- Programmierung numerisch
                               gesteuerter Arbeitsmaschinen.
                               August 1973.

[16] Koerth, D.   Rationalisierung der Qualitätskon-
                               trolle durch Automatisierung von
                               Planungs- und Auswertetätigkeiten
                               beim Einsatz von Universalmeßma-
                               schinen.
                               Dissertation, RWTH Aachen, 1977.

[17] Abeln, O.,   Verknüpfung von Programmsystemen zur
      Bauhuber, F.,   integrierten Informationsverarbeitung
      Eitel, H.,   im Betrieb.
      Klug, H.G.,   wt-Z.ind.Fertig.67(1975)H.5,
      Walter, H.   S.139...143.

[18] Klug, H.G.   Ein Beitrag zur Integration automati-
                               sierter Betriebsbereiche.
                               Berlin, Heidelberg, New York:
                               Springer Verlag, 1978.

[19] Bauhuber, F.   Spezielle Hilfsmittel für die Ent-
                               wicklung fachbezogener Anwender-
                               sprachen.
                               Angewandte Informatik 15(1973)H.12,
                               S.520...526.

[20] Brechtel, H.   Modulartechnik- Zukunftsweg der NC-
                               Programmierung.
                               TZ f.prakt. Metallbearbeitung,
                               69(1973)H.6, S.240...245.

[21] Budde, W.   EXAPT- Anwendungen und Weiterent-
                                 wicklungen.
                                 ZwF 72(1977)H.2, S.59...65.

[22] Eversheim, W.,   Programming of NC-Measuring Machines.
      Koerth, D.,   PROLAMAT 76, Stirling,Scotland,
      Stute, G.,   15-18 June 1976.
      Berner, A.   Amsterdam, New York, Oxford:
                                 North-Holland Publishing Company,1977.

[23] Grupe, U.   Untersuchungen über die rechnerun-
                                 abhängige Konzeption fertigungstech-
                                 nischer Programmiersysteme.
                                 Dissertation, RWTH Aachen, 1970.

[24] Brechtel, H.H.   Konzeption und Aufbau eines modularen
                                 Programmsystems dargestellt am Bei-
                                 spiel eines Programmiersystems für
                                 numerisch gesteuerte Werkzeugmaschinen.
                                 Dissertation, RWTH Aachen, 1975.

[25] Foster, J.M.   Automatische Syntaxanalyse.
                                 München: Carl Hanser Verlag, 1971.

[26] Stute, G.,   Computer Aided Programming of NC-
      Dreher, W.   Measuring Machines. Aspects of Struc-
                                 ture and Processing of a Volume Ori-
                                 entated Workpiece Description System.
                                 10th CIRP International Seminar on
                                 Manufacturing Systems.
                                 Haifa, July 1978.

[27] N.N.   BASIC-EXAPT Sprachbeschreibung.
                                 Aachen: EXAPT-Verein, 1975.

[28] N.N.   EXAPT1.1 Sprachbeschreibung.
                                 Aachen: EXAPT-Verein, 1974.

[29] N.N.   EXAPT2 Sprachbeschreibung.
                           Aachen: EXAPT-Verein, 1973.

[30] Warnecke, H.J.,   Analyse der Meßaufgaben an prisma-
      Dietzsch, M.,   tischen Werkstücken.
      Kampa, H.   wt-Z.ind.Fertig.66(1976)H.5,
                           S.281...285.

[31] Berner, A.   Geometrieverarbeitung und Beschrei-
                           bung geometrischer Elemente in NCMES.
                           Essen:Girardet-Verlag:HGF-Kurzberichte
                           (Lose-Blatt-Sammlung) Blatt 77/23,1977.

[32] Lindemann, R.   Messen von aerodynamischen Profilen
                           auf einer Drei-Koordinaten-Meßmaschine.
                           Stuttgart: Fachtagung "Erfahrungsaus-
                           tausch Drei-Koordinaten-Meßgeräte 77",
                           8. Arbeitstagung des Instituts für
                           Produktionstechnik und Automatisierung
                           (IPA),1977.

[33] Dreher, W.   Beitrag zur NC-gerechten Beschreibung
                           von Werkstücken in fertigungstechnisch
                           orientierten Programmiersystemen.
                           Berlin, Heidelberg, New York:
                           Springer Verlag, 1979.

[34] Greindl, A.   Datenhandhabung in CAD/CAM-Prozessen.
                           Dissertation, TU Berlin, 1977.

[35] Blume, P.   Kopplung eines CAD/CAM-Systems mit dem
                           EXAPT1.1-Technologieprozessor.
                           Frankfurt: Fachtagung des EXAPT-
                           Vereins, 1978.

[36] N.N.   INOUT-Beschreibung.
                           Aachen: EXAPT-Verein, 1977.

Begriffe, Abkürzungen, Programmnamen und Sprachworte

Begriffe

APT	Automatically Programmed Tools, fertigungstechnisch orientierte Programmiersprache
CAD	Computer Aided Design
CAM	Computer Aided Manufacturing
CLDATA	Werkzeugpositionsdaten (Cutter Location DATA)
GMDATA	Tasterpositions- und Auswertedaten (Generalized Measuring DATA)
DVA	Elektronische Datenverarbeitungsanlage
EXAPT	EXtended subset of APT
EXAPT1.1	fertigungstechnisch orientierte Programmiersprache zur Programmierung von NC-Bearbeitungsanlagen mit bis zu 2 1/2 dimensionaler Bahnsteuerung.
EXAPT2	fertigungstechnisch orientierte Programmiersprache zur Programmierung von NC-Drehmaschinen
FORTRAN	technisch-naturwissenschaftliche Programmiersprache (FORmula TRANslation)
MDT	Mittlere Datentechnik
NC	Numerical Control (numerische Steuerung)
NCMES	fertigungstechnisch orientierte Programmiersprache zur Programmierung von NC-Meßmaschinen (Numerical Controlled Measuring and Evaluation System)

Abkürzungen

a	Translationsgröße in X-Richtung
a_{ij} $(i=1,\dots,n)$ $(j=1,2,3)$	Elemente der Syntaxmatrix $\underline{SM}$
a_{oij} $(i=1,\dots,n)$ $(j=1,2,3)$	Elemente der optimierten Syntaxmatrix $\underline{SM}_o$
AE	Anweisungsende
ANFADR	Anfangsadresse eines Transformationsbereichs
AWNR	Anweisungsnummer
b	Translationsgröße in Y-Richtung
c	Translationsgröße in Z-Richtung
$c\alpha$	Kosinus des halben Scheitelöffnungswinkels eines Kegels
$CLDATA_i$ $(i=1,\dots,n)$	systemaufgabenspezifische CLDATA
C1	Symbolname einer Kreisdefinition
D	Dateien,Datenbanken
D_G	systemeigene Geometriedatenbank
D_{Gi} $(i=1,\dots,n)$	werkstückspezifische Geometriedatei in D_G
D_T	Technologiedatei
D_{tGi} $(i=1,\dots,n)$	elementspezifische temporäre Geometriedatei
D_{tS}	temporäre Datei zur Symbolverwaltung
$D_{tü}$	temporäre Übergabedatei
D_{tz}	temporäre Datei zur Datenzwischenspeicherung
D_{t11}	temporäre Geometriedatei für 2D-Elemente
D_{t12}	temporäre Geometriedatei für 3D-Elemente
2D	2-dimensional
3D	3-dimensional
d_s	Sollwert eines Zylinderdurchmessers
d_i	Istwert eines Zylinderdurchmessers
Δd	Durchmesserdifferenz (d_s-d_i)
ENDADR	Endadresse eines Transformationsbereichs
i	Komponente des Einheitsvektors in X-Richtung
j	Komponente des Einheistvektors in Y-Richtung
k	Komponente des Einheitsvektors in Z-Richtung
L	Programmiersprache (Language)

n_i (i=1,2,3) $\Big\}$	Koeffizienten der Ebenen- bzw. Geraden
p	in Hessescher Normalform (HNF)
P	Processor, Verarbeitungsprogramm, Programm-system
P_i (i=a,...,n)	fertigunsaufgabenspezifischer Processor
P_{ir}(i=1,...,n)	systemaufgabenspezifischer Processorrest
PP	Postprocessor
PP_i(i=1,...,n)	systemaufgaben- und maschinenspezifischer Postprocessor
PPS	problemorientiertes Programmiersystem
P1	Symbolname einer Punktdefinition
P2	Symbolname einer Punktdefinition
r	Radius
RK	Referenzkoordinatensystem
S_{ai}(i=1,...,l)	Sprachaussagen im Anweisungsnebenteil
$\underline{SM}$	Syntaxmatrix
$\underline{SM}_o$	optimierte Syntaxmatrix
smi(i=1,2,3)	Symbolname einer Matrixdefinition
$\underline{T}$	Transformationsmatrix
$\underline{T}_i$ (i=1,2,3)	Rotationsmatrix 1.,2.,3. Drehung
$\underline{T}_{TL}$	Translationsmatrix
TEILK1	Symbolname eines Punktmusters
TP	Teileprogramm
TP_i	aufgabenspezifisches Teileprogramm
WK	Werkstückkoordinatensystem
X	X-Koordinate
X'	X'-Koordinate
X_M	X-Koordinate im Maschinensystem
X_W	X-Koordinate im Werkstücksystem
Y	Y-Koordinate
Y'	Y'-Koordinate
Y_W	Y-Koordiante im Werkstücksystem
Y_M	Y-Koordinate im Maschinensystem
Z	Z-Koordinate
Z'	Z'-Koordinate
Z_W	Z-Koordinate im Werkstücksystem
Z_M	Z-Koordinate im Maschinensystem
ZF	Zeichenfolge

ZV	Zeichenvorrat
α	Drehwinkel um die X-Achse
β	Drehwinkel um die Y-Achse
γ	Drehwinkel um die Z-Achse
φ_s	Sollwert eines Zylinderachswinkels
φ_i	Istwert eines Zylinderachswinkels
$\Delta\varphi$	Winkeldifferenz ($\varphi_s - \varphi_i$)

Mehrfach benutzte Indizes

$$\left.\begin{matrix} i \\ l \\ m \\ n \\ o \\ u \\ v \end{matrix}\right\} \quad \text{Zählvariablen}$$

Programmnamen

AUSGAB	Programmbaustein zur Erstellung von Übergaberekords
CUTVAL	Modul zur Schnittwertermittlung
CLDAT2	Modul zur Ausgabe von CLDATA-Texten
EINGAB	Programmbaustein zum Einlesen von Teileprogrammanweisungen
FAHR	Modul zur Aufbereitung von Fahr- und Positionieranweisungen
FETCH	Programmbaustein zur Übernahme von Übergabe- und 2D-Geometrierekords
GEO2D	Modul zur Verarbeitung von 2D-Geoemtrieelementen
GEO3D	Modul zur Verarbeitung von 3D-Geometrieelementen
INOUT	Programmbaustein zur Datenhandhabung und -organisation

MESMOD	Modul zur Verarbeitung von Meßanweisungen
OUT3	Programmbaustein zur Übergabe von 3D-Geometrierekords
SIEB	Modul zur Ausgabe von GMDATA-Texten
SUCH3	Programmbaustein zur Übernahme von Übergabe- und Geometrierekords
SYNTAX	Programmbaustein zur Syntaxprüfung
TECEX1	Modul zur Aufbereitung von Bohr- und Frästechnologie
TECEX2	Modul zur Karteienauswahl
TECHNM	Modul zur Verarbeitung der Meßtechnologie
ZINTPR	Programmbaustein zur Teileprogramminterpretation

Sprachworte

CIRCLE	Hauptwort zur Kennzeichnung einer Kreisdefinition
CONE	Hauptwort zur Kennzeichnung einer Kegeldefinition
CYL	Modifikator zur Kennzeichnung eines Zylinders
CYLNDR	Hauptwort zur Kennzeichnung einer Kreiszylinderdefinition
GEOSAF	Anweisung zur Abspeicherung von Geometriedaten
IN	Modifikator zur Kennzeichnung einer Innenmessung
LFBST	Systemkommando zur Anforderung eines Funktionsbausteins
MATRIX	Hauptwort zur Kennzeichnung einer Matrixdefinition
MEASPT	Hauptwort zur Definition einer Meßaufgabe
NOMORE	Modifikator zur Kennzeichnung eines Vorgangsende
ON	Modifikator zur Kennzeichnung einer Meßaufgabenzuordnung

PERDAT   Systemkommando zur Anforderung einer permanenten Datei

PLANE   Hauptwort zur Kennzeichnung einer Ebenendefinition

POINT   Hauptwort zur Kennzeichnung einer Punktdefinition

SPHERE   Hauptwort zur Kennzeichnung einer Kugeldefinition

STYPE   Systemkommando zur Anforderung einer Funktionsbausteinfolge

THRU   Modifikator zur Kennzeichnung einer Indizesfolge

TRASYS   Hauptwort zur Kennzeichnung eines Transformationsbereichs

TRANSL   Modifikator zur Definition einer Translation

VECTOR   Hauptwort zur Kennzeichnung einer Vektordefinition

XYROT   Modifikator zur Definition einer Drehung um die Z-Achse

YZROT   Modifikator zur Definition einer Drehung um die X-Achse

ZMAX   Modifikator zur Angabe der max. Meßbereichsgrenze in Z-Richtung

ZMIN   Modifikator zur Angabe der min. Meßbereichsgrenze in Z-Richtung

ZXROT   Modifikator zur Definition einer Drehung um die Y-Achse

1   Einleitung

Die Einführung von elektronischen Datenverarbeitungsanlagen
und die Entwicklung von automatisierten Fertigungseinrichtungen haben entscheidende Voraussetzungen zur Rationalsie-
rung des Produktionsprozesses geschaffen. Beurteilt man den
gesamten Produktionsprozeß so wird deutlich, daß durch eine
unabhängige Automatisierung von Teilbereichen einem Rationa-
lisierungserfolg von vornherein Grenzen gesetzt sind. Daraus
resultieren Maßnahmen die u.a. eine durchgehende Automatisierung des betrieblichen Informationsflusses in und zwischen
den einzelnen Produktionsbereichen verfolgen.

Mit der Entwicklung und Anwendung von numerisch gesteuerten
Fertigungsanlagen wurde ein geeignetes Hilfsmittel zur Verfügung gestellt, um eine Automatisierung des Informationsflusses
in der Fertigung zu erreichen. Damit war auch die Grundlage für
den Einsatz von Datenverarbeitungsanlagen in diesem Bereich geschaffen, wobei eine Zunahme von Prozeßrechnern und Microcom-
putern bei neueren Entwicklungen von numerischen Steuerungen
zu erkennen ist.

Die mit dem Einsatz von numerischen Steuerungen zunächst in
der spanenden Fertigung erzielten Rationalisierungserfolge
führen zu einer zunehmenden Anwendung der numerischen Steuerung auch in der nicht spanenden Fertigung und darüber hinaus
in anderen Produktionsbereichen. Für eine begriffliche Einordnung werden deshalb hier alle numerisch gesteuerten Maschinen
im folgenden als "NC-Maschinen" bezeichnet.

Für die Nutzung von NC-Maschinen ist die Entwicklung und Verwendung von Systemen zur rechnerunterstützten Erstellung von
NC-Steuerdaten von erheblicher Bedeutung. Kennzeichnend ist
dabei, daß die Anzahl dieser Systeme ständig zunimmt, wobei
diese fast ausschließlich auf die NC-Fertigung ausgerichtet

sind. Entsprechend dem Aufgaben- und Einsatzbereich sind diese
Insel- oder Einzellösungen in sich abgeschlossen und auf ein
abgegrenztes Problem zugeschnitten.

Für den Anwender ergeben sich daraus Probleme, die neben der
Auswahl geeigneter Systeme auch den Informationsfluß zwischen
diesen Lösungen betreffen. Durch den Einsatz solcher Systeme
wird zwar die Automatisierung von Teilaufgaben erreicht, doch
sind die heute innerhalb der Produktionsbereiche im Vordergrund stehenden Bemühungen hinsichtlich einer integrierten
Informationsverarbeitung von der Konstruktion bis zur Fertigung und Qualitätskontrolle kaum beachtet.

Ziel der vorliegenden Arbeit ist es, ausgehend von dem Stand
der NC-Programmierung mit fertigungstechnisch orientierten Programmiersystemen Wege aufzuzeigen, die ein integriertes System
zur NC-Programmierung ermöglichen. Im Vordergrund steht dabei
nicht die Neuentwicklung eines weiteren Systems, sondern die
Forderung, bestehende NC-Programmiersysteme miteinander zu verknüpfen und so zu ergänzen, daß ein breiter Anwendungsbereich

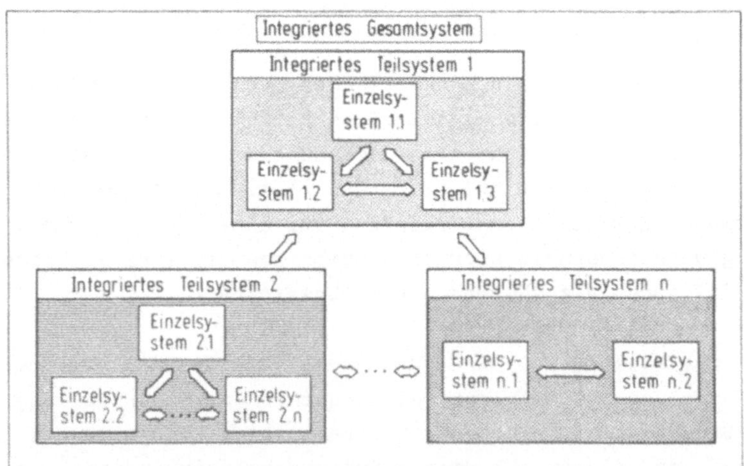

Bild 1-1: Prinzip der Teilsystembildung in einem integrierten
Gesamtsystem

gewährleistet wird. Dabei wird das Ziel einer integrierten Informationsverarbeitung innerhalb der Produktionsbereiche berücksichtigt. Die folgenden Untersuchungen zeigen dies an der
Integration ausgewählter NC-Programmiersysteme und an den erforderlichen Erweiterungen im Hinblick auf die Programmierung
numerisch gesteuerter Meßmaschinen.

Die Einschränkung eines integrierten Systems auf den Bereich
der NC-Programmierung ist darin begründet, daß die hier eingesetzten Einzelsysteme beispielhaft für die Ausführung und
Anwendung von Programmiersystemen zur Rationalisierung und
Automatisierung des betrieblichen Informationsflusses genannt
werden können. Ferner wird mit dieser Abgrenzung das Ziel ver-
folgt, die Vielzahl der bestehenden Lösungen bereichsweise zu
integrieren und dann als integrierte Teilsysteme einem Gesamtsystem zuzuordnen (Bild 1-1).

2 Rechnerunterstützte Systeme

Mit dem Einsatz von elektronischen Datenverarbeitungsanlagen
(DVA) in den verschiedenen Betriebsbereichen zur Lösung unter-
schiedlicher Aufgabenstellungen werden neben der fehlerfreien
Verarbeitung von großen Datenmengen die hohen Verarbeitungs-
geschwindigkeiten dieser Anlagen als wesentliche Vorteile ge-
nutzt. Das stetig fallende Preis/Leistungsverhältnis aufgrund
der rasch fortschreitenden Entwicklungen auf dem Gebiet der
elektronischen Bauelemente [1] führt mit den vorgenannten Gründen
zu einer verstärkten Anwendung der oben erwähnten Rechenanlagen.

2.1 Programmbausteine, Funktionsbausteine, Programmsystem

Die Übertragung von Bearbeitung und Lösungsfindung betrieblicher Aufgaben auf die Rechenanlage setzt jedoch voraus, daß
die Aufgabenstellung in einer, der Anlage verständlichen Form
vorliegt und die Lösungsalgorithmen so abgebildet sind, daß
ein entsprechendes Ergebnis abgeleitet werden kann. Der Anwender
muß dabei die Problemstellung in der Weise beschreiben, daß die
vorzugebenden Daten und die Rechenvorschriften der oben genannten Form entsprechen. Das Festlegen dieser Rechenvorschriften
wird allgemein als "Definieren eines Programms" bezeichnet[2].

Für die folgenden Ausführungen wird diese Vereinbarung dahin-
gehend erweitert, daß aufgrund der komplexen Aufgabenstellung
diese Rechen- bzw. Verarbeitungsvorschriften in mehreren, nach
Aufbau und Zusammensetzung abgrenzbaren programmtechnischen
Gebilden, den Programmbausteinen festgelegt werden. Zur Gewährleistung eines übersichtlichen Aufbaus und einer aufgaben-
bezogenen Struktur können mehrere Programmbausteine wieder als
ein Programmbaustein aufgefaßt werden. Ordnet man mehreren
Programmbausteinen eine abgeschlossene Funktion zu, dann bilden diese einen Funktionsbaustein.

Die Zusammenfassung der genannten Bausteine in einer abgeschlossenen Einheit zeigt Bild 2-1. Demnach ist ein Programm-

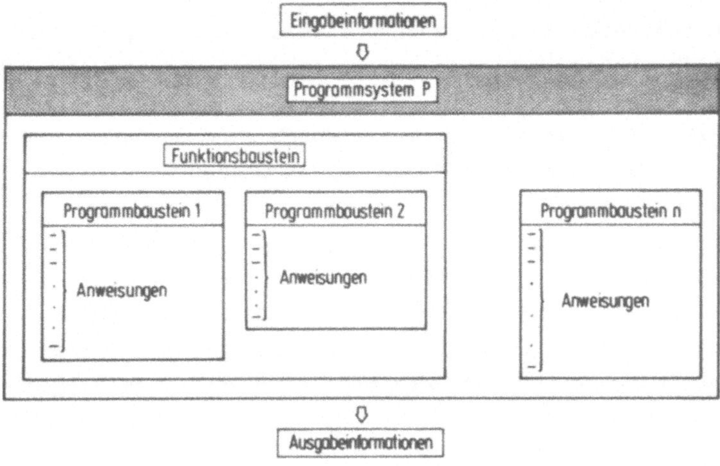

Bild 2-1: Programmsystem P

system P aus mehreren, untereinander verknüpften Programm- und
Funktionsbausteinen (Systembausteine) zusammengesetzt. Die Pro-
grammbausteine bestehen ihrerseits aus einer endlichen Zahl von
Anweisungen.

Die vorgegebenen Eingabeinformationen werden in diesem System
mit Hilfe des Rechners zu einem Ergebnis (Ausgabeinformationen)
verarbeitet. Dabei sind die Systembausteine sinnvollerweise so
ausgelegt, daß sie für verschiedene Varianten desselben Prob-
lems angewandt werden können, d.h. bei einem einmal erstellten
Programmsystem muß der Anwender nur die Eingabeparameter dem
jeweils zu lösenden Fall entsprechend erstellen. Bei Neuent-
wicklungen werden diese Forderungen meistens berücksichtigt.
Schwierigkeiten ergeben sich jedoch bei bestehenden Systemen,
wenn diese an neue Aufgaben angepaßt werden müssen.

2.2 Problemorientiertes Programmiersystem

Erweitert man die Einsatzmöglichkeiten eines Programmsystems,
dann ist neben zusätzlichen und umfangreicheren Programm- bzw.
Funktionsbausteinen eine entsprechende Anpassung der Eingabeinformationen erforderlich. Dabei werden zunehmend komplexe, for-
matgebundene Darstellungsarten durch anwenderfreundliche und
einfach zu handhabende Programmiersprachen ersetzt, die nach
[3] in den Bereich der formalen Sprachen einzuordnen sind. Die
Programmiersprache schafft dem Anwender die Möglichkeit, mit
Hilfe vorgegebener Notierungsvorschriften die gestellte Aufgabe zu beschreiben. Die Sprache baut dabei auf einem bestimmten
Sprachvorrat auf, der an dem jeweiligen Problem orientiert ist.
Daraus wird der Begriff der problemorientierten Programmiersprachen abgeleitet.

Mit den Programmiersprachen werden zunehmend Dateien bei der
rechnerunterstützten Lösung betrieblicher Aufgaben eingesetzt.
Vorteile sind hierbei eine Verringerung des Umfangs der Eingabeinformationen, die Wiederverwendung bestimmter Datenbestände
und bei geeigneter Darstellung die Reduzierung des Verarbei-
tungsaufwands innerhalb des Programmsystems.

Die Zusammenfassung von Programmiersprache, Programmsystem -
auch Verarbeitungsprogramm genannt - und Dateien in einem Begriff führt entsprechend [4] zur Definition eines problemorientierten Programmiersystems PPS (Bild 2-2).

Demnach ist L die Programmiersprache bestehend aus Syntax und
Semantik. Beide Begriffe sind in der Literatur eingehend definiert. Für die im Zusammenhang mit dieser Arbeit dargestellten
Formulierungen soll jedoch nachfolgende Begriffsbestimmung [5]
gelten.

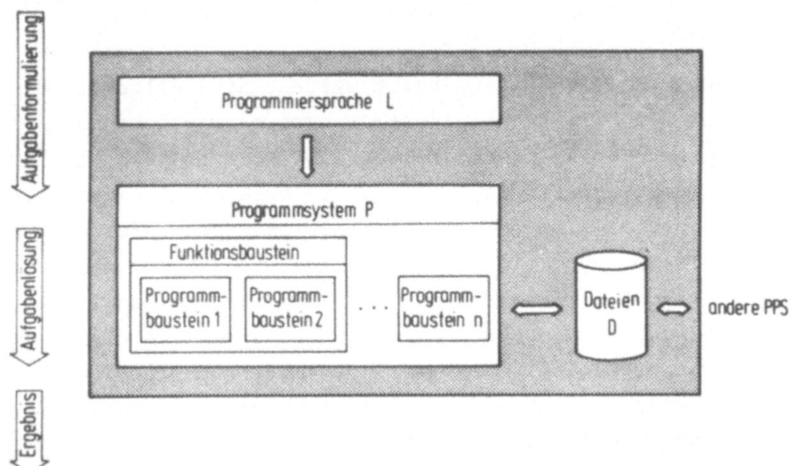

Bild 2-2:   Problemorientiertes Programmiersystem PPS nach [4]

Die Programmiersprache ist eine Menge von Zeichenfolgen ZF ,
die aus einem Zeichenvorrat ZV gebildet werden können. Somit
gilt für jede Programmiersprache

$$L \subseteq ZF \quad mit \quad ZF \subseteq ZV.$$

Die Syntax definiert damit die Sprache L als Untermenge der
Zeichenfolge ZF. Die nach den Notierungsvorschriften angeord-
nete Zeichenfolgen werden syntaktisch richtige oder auch zu-
lässige Folgen von Zeichen genannt. Die Semantik ordnet diesen
eine Bedeutung für den Verarbeitungsablauf im Programmsystem
zu.

Die mit L formulierte Aufgabenstellung wird im Programmsystem P
mit Hilfe von Dateien D verarbeitet. Bild 2-2 zeigt, daß der Informationsfluß zu den Dateien bidirektional sein kann. Ferner
ist angedeutet, daß ein Datenaustausch mit anderen Programmiersystemen über diese Datei möglich ist.

2.3 Fertigungstechnisch orientierte Programmiersysteme

Problemorientierte Programmiersysteme, die zur Erstellung von
Fertigungsunterlagen eingesetzt werden, sind allgemein als
fertigungstechnisch orientierte Programmiersysteme bekannt.
Fertigungsunterlagen sind beispielsweise Werkstückzeichnungen,
Stücklisten, Arbeitspläne und NC-Steuerdaten. Der zunehmende
Einsatz und die laufenden Weiterentwicklungen solcher Systeme
sind darin begründet, daß die rechnerunterstützte Erstellung
von Fertigungsunterlagen im Vordergrund der Rationalisierungs-
bestrebungen in den entsprechenden Produktionsbereichen stehen.
Gemäß der bekannten Auffassung [6,7] werden unter Produktion
alle technischen und organisatorischen Bereiche verstanden,
die an der Konstruktion, Planung, Fertigung und Kontrolle
eines Produktes beteiligt sind (Bild 2-3). Mit der Forderung,

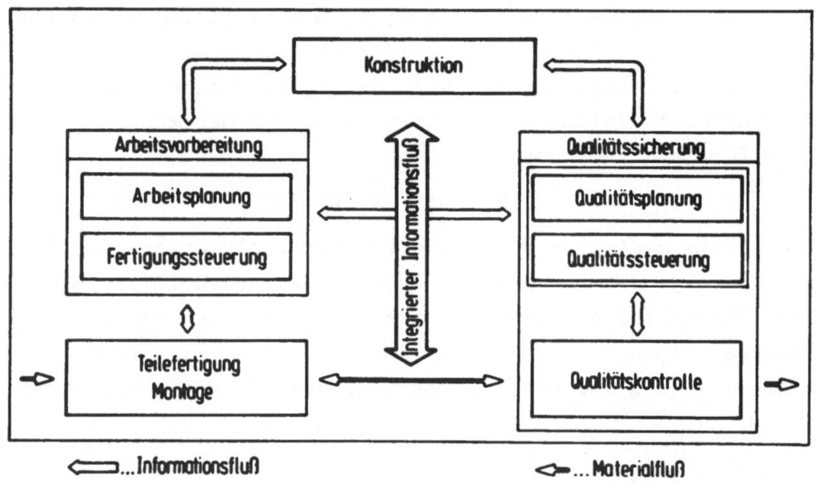

Bild 2-3: Informationsfluß in der Produktion

neben der quantitativen Seite des Produktionsprozesses auch
die qualitative zu planen, steuern, überwachen und automati-
sieren, zeigen heutige Unternehmensstrukturen zunehmend eine
den anderen Produktionsbereichen (Betriebsbereichen) gleich-
berechtigte Stellung der Qualitätssicherung [8] .

Zentraler Ansatzpunkt der oben genannten Anwendungen fertigungstechnisch orientierter Programmiersysteme ist die Automatisierung des betrieblichen Informationsflusses in den Produktionsbereichen, wobei wirtschaftlichere Verfahren zur Informationsbereitstellung, -handhabung und -verarbeitung ange-
strebt werden. Entsprechend der Unterteilung betrieblicher Informationen [6] in technische, organisatorische und disposi-
tive (Bild 2-4) sind die Systemanwendungen und -entwicklungen
ausgelegt.

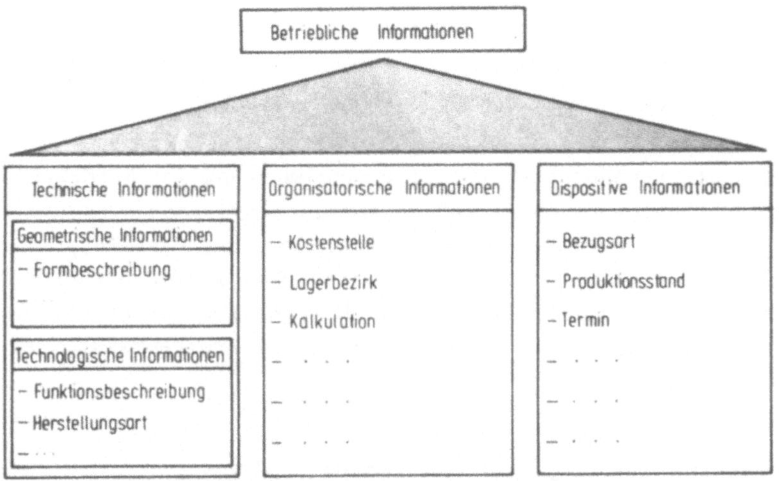

Bild 2-4: Einteilung betrieblicher Informationen

Hinsichtlich eines Gesamterfolges ist es Voraussetzung, alle
Informationsarten und die entsprechenden Bereiche in die Auto-
matisierungsbestrebungen bei der Informationsverarbeitung einzubeziehen.

Ausgehend von der Zielsetzung der Arbeit wird im folgenden
die Verarbeitung, Handhabung und Bereitstellung technologi-
scher Informationen bei der rechnerunterstützten Steuerdatenerstellung für NC-Fertigungsanlagen dargestellt und analysiert. Darauf aufbauend sind dann Möglichkeiten zur Integration und Erweiterung solcher Systeme abzuleiten, die zum
Entwurf und Aufbau eines integrierten NC-Programmiersystems
führen.

3 Steuerdatenerstellung für NC-Fertigungsanlagen

3.1 Methoden der NC-Programmierung und Systeme zur rechnerunterstützten Steuerdatenerstellung

Bei der Erstellung von NC-Steuerdaten wird je nach Automatisierungsstufe zwischen drei Methoden unterschieden (Bild 3-1). Trotz des überwiegenden Anteils der manuellen Programmierung wird nach den Planzahlen einer Umfrage [9] eine zunehmende Anwendung von Programmiersystemen erwartet. Aufgrund der Leistungsfähigkeit und flexiblen Anwendung wird dabei der relativ größte Zuwachs bei den Großrechnersystemen zu verzeichnen sein.

Für die rechnerunterstützte Programmierung von NC-Maschinen werden unter den über 100 angebotenen Systemen [10] derzeit 11 (Bild 3-2) vorrangig zur NC-Programmierung eingesetzt [11]. Die meisten Systeme weisen neben unterschiedlichen Strukturen verschiedene Eingabesprachen auf. Wirken sich die Strukturunterschiede auf den Verarbeitungsablauf im Programmsystem aus, so

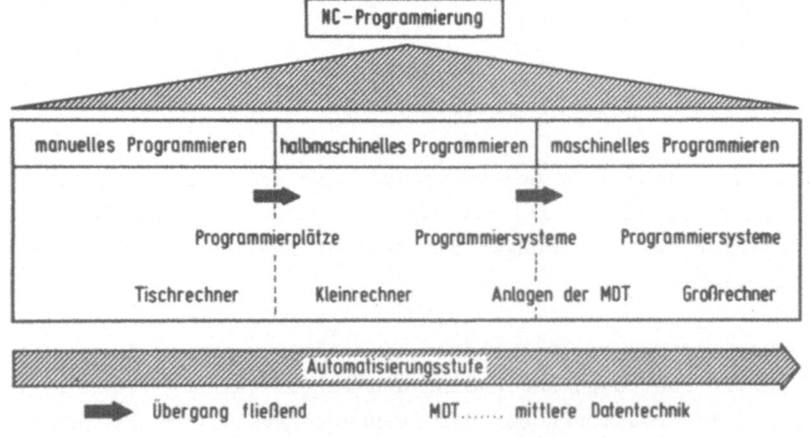

Bild 3-1: Methoden der NC-Programmierung

mögliche Systemanwendungen / Programmiersysteme	APT	AUTOPIT	BASIS-EXAPT	EXAPT 1.1	EXAPT 2	COMPACT II	EASYPROG	H100	MINIAPT	MITURN GETURN	TELEAPT
Drehen	X	X	X		X	X	X	X	X	X	X
Bohren	X		X	X		X	X		X		X
Fräsen	X		X	X		X	X		X		X
Brennschneiden	X	X	X			X	X	.	X		X
Drahterodieren	X	X	X			X	X		X		X
Nibbeln/Stanzen	X	X	X			X	X		X		X

Bild 3-2: Übersicht über die 11 vorrangig eingesetzten
NC-Programmiersysteme

ergeben sich aufgrund der verschiedenartigen Eingabesprachen
erhebliche Nachteile für den Anwender. Internationale und na-
tionale Gremien[12,13]haben deshalb Entwürfe eingebracht, die.
eine Normung fertigungstechnisch orientierter Programmiersprachen vorschlagen. Grundlage bilden die APT-ähnlichen Sprachen,
die auch 78% aller Befragten der vorgenannten Umfrage einset-
zen. Diese Gegebenheit ist bei der Auswahl von Basissystemen
(Kap. 4.4.1) zu berücksichtigen.

3.2 Informationsverarbeitung bei der Steuerdatenerstellung mit APT-ähnlichen Systemen

Die Informationsverarbeitung in APT-ähnlichen Systemen gliedert
sich in eine Verarbeitungshierarchie, wie sie in Bild 3-3 dargestellt ist. Die im Bild genannten Normen sind entsprechend
den Anwenderforderungen beim Aufbau und Entwurf des integrierten NC-Programmiersystems zu beachten.

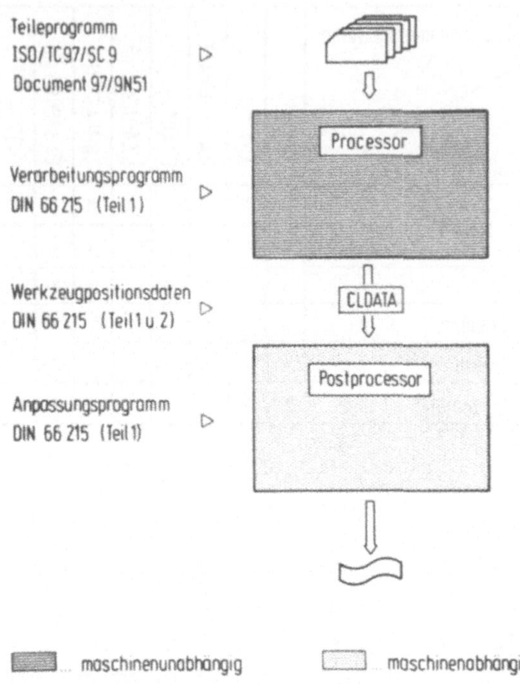

Bild 3-3: Informationsverarbeitung in APT-ähnlichen Systemen

Die kennzeichnenden Komponenten im Informationsfluß sind Teileprogramm TP, die Teileprogrammverarbeitung im Programmsystem P, nach DIN [15] Prozessor (Verarbeitungsprogramm) genannt und die Informationsanpassung der CLDATA an die NC-Maschinen im Postprozessor (Anpassungsprogramm). Um die Widersprüche bei der Definition der Begriffe "Prozessor und Postprozessor" nach DIN [2,15] zu vermeiden, wird im folgenden die englische Schreibweise Processor bzw. Postprocessor gewählt.

Nachstehend werden die einzelnen Komponenten der Informationsverarbeitung kurz analysiert und die für diese Abhandlung wesentlichen Merkmale aufgezeigt.

3.2.1 Definition der Fertigungsaufgabe im Teileprogramm

Ausgehend von der Fertigungsaufgabe werden alle, zur Beschreibung notwendigen Angaben mittels der Programmiersprache im Teileprogramm formuliert, das sich nach [15] in drei Aussagegruppen unterteilt:

- Allgemeine Aussagen,
- Geometrische Aussagen und
- Technologische Aussagen.

Die Aufgaben der einzelnen Gruppen sowie der jeweilige Informationsgehalt sind aus dem Schrifttum hinreichend bekannt und teilweise in Bild 3-4 wiedergegeben. Herauszustellen ist für die vorliegenden Untersuchungen jedoch das Prinzip der Zuordnung von technologischen zu geometrischen Aussagen (Bild 3-4), das sowohl den Aufbau der Programmiersprache als auch den Verarbeitungsablauf im Programmsystem beeinflußt. Deshalb ist bei der vorgesehenen Verknüpfung bestehender Programmiersysteme und dem Aufbau einer bereichsüberschreitenden Informationsverarbeitung dieses Zuordnungsprinzip zu berücksichtigen.

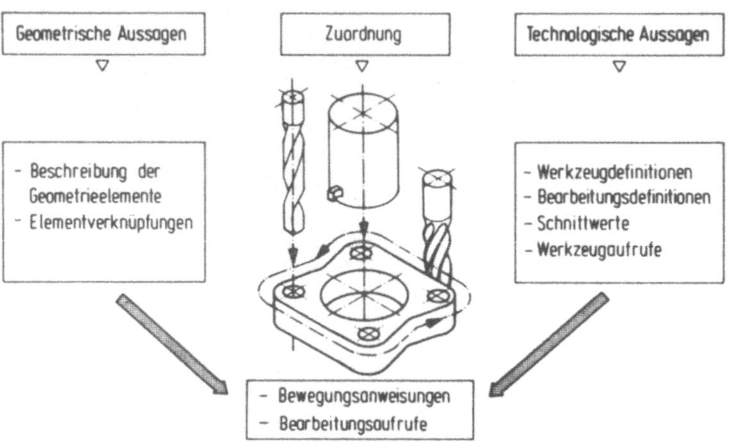

Bild 3-4: Prinzip der Zuordnung von technologischen zu geometrischen Teileprogrammaussagen

3.2.2   Teileprogrammverarbeitung im Processor

Der Processor läßt sich nach [14] in zwei Verarbeitungsphasen
unterteilen. Demnach setzt sich die Teileprogrammverarbeitung
aus Geometrie- und Technologieverarbeitung zusammen. Für eine
genauere Aufgabenabgrenzung im Hinblick auf die Zielsetzung
der Arbeit ist es von Vorteil diese Unterteilung weiter zu
gliedern. Entsprechend ihrem in sich abgeschlossenen Aufgaben-
komplex werden die Teileprogramminterpretation und die Aufbereitung des Zwischenergebnisses (CLDATA) als separate Verarbeitungsphasen dargestellt (Bild 3-5). Für eine funktionale
Einordnung werden nachstehend die Aufgaben der einzelnen Verarbeitungsphasen stichwortartig genannt.

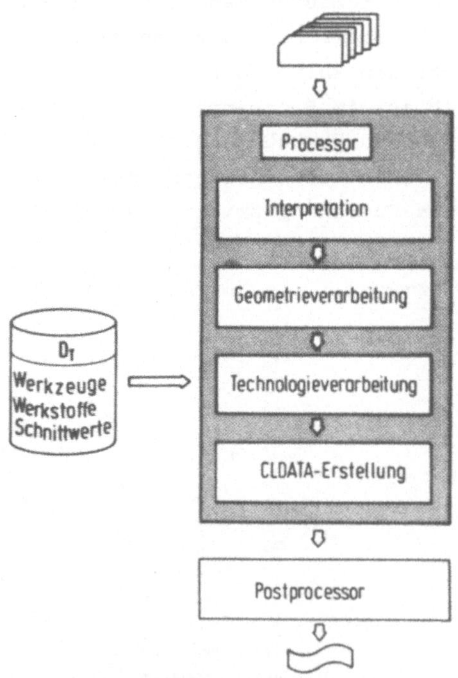

Bild 3-5: Verarbeitungsphasen im Processor

In der <u>Interpretationsphase</u> werden
- das Teileprogramm eingelesen,
- die Anweisungen analysiert,
- auf formale Fehler abgeprüft und
- rechnerintern für nachfolgende Verarbeitungsphasen dargestellt.

Die <u>Geometrieverarbeitung</u>
- löst die Geometriedefinitionen aus dem rechnerintern dargestellten Teileprogramm,
- berechnet die Geometrielemente und
- stellt diese elementspezifisch, rechnerintern für die Technologieverarbeitung bereit.

In der <u>Technologieverarbeitungsphase</u> werden
- die fertigungsaufgabenspezifischen Angaben wie Schnittwerte, Werkzeugwege berechnet und
- Kollisionsprüfungen sowie eine Werkzeugauswahl durchgeführt.

Die <u>CLDATA-Erstellungsphase</u>
- bereitet die Verarbeitungsergebnisse normgerecht auf und stellt sie dabei in einem entsprechenden Format dar.

Form und Inhalt der im Informationsfluß bei der rechnerunterstützten NC-Programmierung wesentlichen Schnittstelle CLDATA definiert die DIN [15]. Bei neueren Systementwicklungen [16] zur Programmierung von NC-Meßmaschinen ist diese Definition zu erweitern. Die Schnittstelle bleibt jedoch in ihrer Bedeutung erhalten.

3.2.3 Informationsanpassung an die NC-Fertigungsanlage

Der Postprocessor paßt die CLDATA-Informationen an die speziellen Eigenschaften der Steuerung und Maschine an. Die Aufgabe des Postprocessors umfaßt z.B. die Drehzahlauswahl, Bestimmung von Vorschubwerten, Auflösung von Arbeitszyklen, Aufbereiten von Listen für das Bedienungspersonal und die Werkzeugeinstellung sowie die Erstellung des Steuerlochstreifens.

Entsprechend der Aufgaben ist somit der Funktionsumfang eines Postprocessors fast ausschließlich von der NC-Maschine abhängig. In diesem Zusammenhang wird davon ausgegangen, daß unabhängig vom Aufbau des vorgeschalteten Programmiersystems und vom Anwendungsfall (Fertigungsaufgabe) ein Postprocessor zur rechnerunterstützten NC-Programmierung erforderlich ist. Es wird deshalb in dieser Arbeit auch dessen Existenz und Verfügbarkeit vorausgesetzt.

3.3 Bisherige Anwendung und mögliche Erweiterungen im Hinblick auf eine effektivere NC-Programmierung

Aufgrund der genannten aufgabenspezifischen Eigenschaften ist der Anwender gezwungen bei der rechnerunterstützten Steuerdatenerstellung für unterschiedliche NC-Anlagen verschiedene Programmiersysteme einzusetzen. Daraus ergibt sich folgender Aufbau für eine rechnerunterstützte NC-Programmierung.

Die anstehenden Fertigungsaufgaben werden mittels den dafür geeigneten Sprachen in fertigungsaufgabenspezifischen Teileprogrammen TP_i formuliert und in den jeweiligen Processoren P_i sowie Postprocessoren PP_i entsprechend der in Bild 3-3 dargestellten Hierarchie verarbeitet. Wesentliches Merkmal bei dieser Verarbeitung ist, daß der Informationsfluß vom Teileprogramm bis zur NC-Steuerdatenerstellung für jede Fertigungsaufgabe in sich abgeschlossen ist.

Für den effektiveren Einsatz von NC-Programmiersystemen sind
somit gemäß der einleitend erwähnten Zielsetzung Voraussetzungen und Lösungsmöglichkeiten abzuleiten, die eine verbesserte
NC-Programmierung realisieren.

Beurteilt man die genannten Punkte hinsichtlich einer Ausführung, dann ist ein Lösungsprinzip von Vorteil, das bestehende
Komponenten der NC-Programmierung in ein übergeordnetes System
einbindet und zusätzlich neuere Entwicklungen der NC-Technik
berücksichtigt. Es ist damit gewährleistet, daß einerseits beim
Aufbau eines solchen Programmiersystems bewährte Verarbeitungsprogramme verwendet werden können, und der Anwender andererseits auf bestehende Erfahrungen zurückgreifen kann.

Für ein integriertes NC-Programmiersystem ergeben sich daraus
Folgerungen, die zum einen bestehende, bisher eingesetzte Systeme dem übergeordneten zuordnen und zum anderen bei der Verknüpfung sowohl die Belange einer integrierten Informationsverarbeitung im Produktionsbereich als auch Erweiterungen für
neue Anwendungsbereiche vorsehen.

4 Konzeption eines integrierten Gesamtsystems zur NC-Programmierung

Aufgrund der seitherigen Systemanwendungen und den Verbesserungsreserven im Hinblick auf eine rationellere NC-Programmierung ergibt sich die Notwendigkeit der Entwicklung eines integrierten Systems zur rechnerunterstützten Programmierung von numerisch gesteuerten Maschinen. Vor der Systemkonzeption und dem Systemaufbau sind die Anforderungen an ein solches System zu erfassen.

4.1 Anforderungen an ein integriertes NC-Programmiersystem

Bei der Ermittlung von Systemanforderungen (Bild 4-1) ist da-

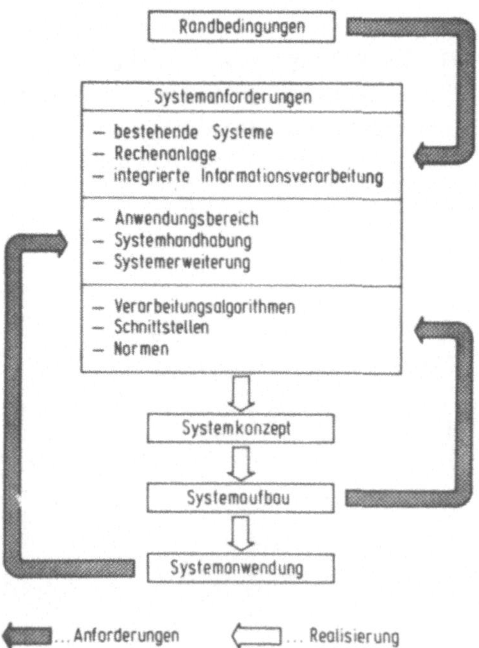

Bild 4-1: Anforderungen an ein integriertes NC-Programmiersystem

von auszugehen, daß die Systemanwendung und die vorgegebenen
Randbedingungen im wesentlichen anforderungsbestimmend sind.
Die dargestellte Einflußkomponente seitens des Systemaufbaus
ist im Zusammenhang mit Einzelheiten der Randbedingungen, auf
die später noch eingegangen wird, zu betrachten.

4.1.1 Anforderungen aufgrund der Systemanwendungen

Zur Festlegung von Anforderungen, die sich aus der Systemanwendung ergeben, sind diese hinsichtlich des Anwendungsbereiches, der möglichen Systemerweiterung und der Systemhandhabung
zu unterteilen.

Mit der Zielsetzung der Arbeit, bestehende Systeme zu einem
Gesamtsystem zu verknüpfen, wird der Anwendungsbereich von den
in Betracht kommenden Einzelsystemen bestimmt. Demnach kann
das Verknüpfungsergebnis für die mit den Einzelsystemen zu lösenden Problembereiche eingesetzt werden. In der allgemeinsten
Form eines integrierten NC-Programmiersystems können mit diesem
alle NC-Maschinen programmiert werden.

Im Zusammenhang mit dem Anwendungsbereich steht die Systemerweiterung. Hier ergeben sich Forderungen, geeignete Möglichkeiten zu berücksichtigen, die eine Integration zusätzlicher
Einzelsysteme erlauben. Dadurch läßt sich ein stufenweiser
Aufbau erreichen, der es ermöglicht, je nach Bedarf zusätzliche
Systemteile hinzuzufügen und damit Aufgaben zu lösen, die noch
nicht rechnerunterstützt bearbeitet und gelöst wurden. Im vorliegenden Fall wird dies an Erweiterungen zur Programmierung
von NC-Meßmaschinen dargestellt.

Für die Systemhandhabung ist zu fordern, daß aus der Integration kein Resultat entsteht, das den Anwender mit zusätzlichen
Aufgaben bei der Programmierung belastet. Vielmehr ist sogar
anzustreben, mit den vorgesehenen Verknüpfungslösungen Ergeb-

nisse zu erreichen, die eine Vereinfachung der Handhabung gegenüber den bisherigen Anwendungen der Einzelsysteme ermöglichen.

4.1.2   <u>Randbedingungen</u>

Unter den Randbedingungen sind die Systemanforderungen aufgrund der bestehenden, bisher eingesetzten Systeme zur NC-Programmierung, der Rechenanlagen und der integrierten Informationsverarbeitung allgemein einzuordnen.

Die bestehenden NC-Programmiersysteme bilden im integrierten Gesamtsystem die Teilsysteme (Basissysteme), die miteinander zu verknüpfen sind. Neben den Anforderungen, die seitens des Anwendungsbereiches und der Systemerweiterung gestellt werden, ist eine zusätzliche Verknüpfungsbedingung, daß die Eigenschaften der Einzelsysteme erhalten bleiben. Es ist damit gewährleistet, daß der Anwender auf der Basis vorhandener NC-Programmiersysteme ein integriertes System aufbauen oder einführen kann. Dementsprechend sind die Integration und die daraus resultierenden Anpassungs- und Erweiterungsarbeiten durchzuführen.

Die zur Verfügung stehende Rechenanlage hat neben den Einzelsystemen einen wesentlichen Einfluß auf die Integration. Die Rechnerleistung, Speicherkapazität, erforderlichen Bedien- und Peripheriegeräte bestimmen die gerätetechnischen Grenzen bei der Planung und dem Aufbau eines solchen Systems. Mit der Darstellung von geeigneten Verfahren zur Verknüpfung bestehender NC-Programmiersysteme sind daher jeweils die erforderlichen Datenverarbeitungsanlagen zu nennen oder Angaben über die Systemgröße auf der vorhandenen Rechenanlage zu machen. In diesem Zusammenhang sind jedoch Gegebenheiten zu berücksichtigen, die sowohl den begrenzten Zugriff zu Großrechenanlagen seitens der Anwender als auch die zunehmende Leistungsfähigkeit von Rechner der mittleren Größe (MDT) betreffen.

Allgemeine Entwicklungen im Bereich der integrierten Informationsverarbeitung sind Randbedingungen, die Verknüpfungsmöglichkeiten und -verfahren aufzeigen. Sie sind insofern in die Systemanforderungen einzubeziehen, um eine Integration des Gesamtsystems in eine übergeordnete, für den ganzen Produktionsbereich gültige integrierte Informationsverarbeitung vorzubereiten. Ferner werden dadurch Voraussetzungen geschaffen, je nach Eignung und Notwendigkeit auf bereitgestellte Informationen anderer Betriebsbereiche zurückzugreifen.

4.1.3   <u>Anforderungen aufgrund des Systemaufbaus</u>

Mit dem Einsatz der bestehenden NC-Programmiersysteme ist beim Anwender der Zugriff auf eine geeignete Rechenanlage verbunden. Diese Voraussetzung ist bei der Integration zu berücksichtigen. Demnach ist anzustreben, daß die Lösungen zur Darstellung und Realisierung der Integration den Einsatz des Gesamtsystems auf dem für das Einzelsystem vorhandenen Rechner ermöglicht. Daraus resultiert ein bestimmter Systemaufbau, der seinerseits Anforderungen an die Verarbeitungsalgorithmen und Schnittstellen innerhalb des Systems stellt.

Normen im Bereich der Informationsverarbeitung bestimmen allgemeine Systemanforderungen, die an entsprechender Stelle des Systemaufbaus zu berücksichtigen sind. Die in diesem Zusammenhang gültigen Normen wurden in Kap.3.2 genannt.

Aufgrund der bisherigen Anwendung und den möglichen Erweiterungen bei der rechnerunterstützten NC-Programmierung haben die bestehenden Programmiersysteme einen besonderen Einfluß auf die Planung und Realisierung eines integrierten NC-Programmiersystems. Analog zu den Systemanforderungen ist ein Verfahren aufzuzeigen, das die Einzelsysteme anforderungsgemäß in einen übergeordneten Gesamtrahmen integriert.

4.2 Möglichkeiten zur Integration bestehender Programmiersysteme

Für eine integrierte Informationsverarbeitung bieten sich nach
[17] zwei Methoden an, die Integration auf der Ebene von Dateien
und die auf der Ebene von Programmsystemen. Obwohl beide Verfahren in [17,18] grundlegend beschrieben sind, soll hinsichtlich
der Verknüpfung von NC-Programmiersysteme auf beide Möglichkeiten kurz eingegangen und auf erforderliche Gedankenerwei-
terungen hingewiesen werden.

4.2.1 Integrierte Informationsverarbeitung auf der Ebene von Dateien

Der Grundgedanke dieser Art der Integration ist das Prinzip,
einmal erstellte Datenbestände in unterschiedlichen Programmiersystemen mehrfach oder wiederholt zu verwenden (Bild 4-2).

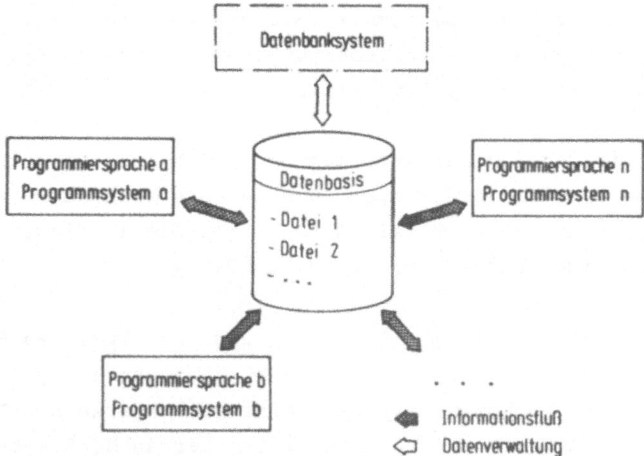

Bild 4-2: Integrierte Informationsverarbeitung auf der Ebene
von Dateien

Während der Informationsverarbeitung werden dabei bestimmte
Verarbeitungsphasen und bei der Informationserstellung wieder-
holende Tätigkeiten eingespart. Bei einer konsequenten Nutzung,
der durch dieses Integrationsprinzip gegebenen Vorteile, muß es
jedoch möglich sein, innerhalb einer Verarbeitungsphase auf
unterschiedliche Informationsquellen mit gleichen Informationsarten zugreifen zu können. Nur dann ist ein redundanzfreier
Datenbestand gewährleistet. Demnach sind neben den Anpassungs-
programmen für unterschiedliche Datenstrukturen die Systemkomponenten entgegen [18] so zu ändern, daß das in Bild 4-3 dargestellte Verarbeitungsprinzip gewährleistet ist. Es sind deshalb
in den Teilsystemen sowohl die Datenstrukturen als auch der Informationsfluß (Bild 4-3) an die aktuelle Verarbeitungsphase
anzupassen.

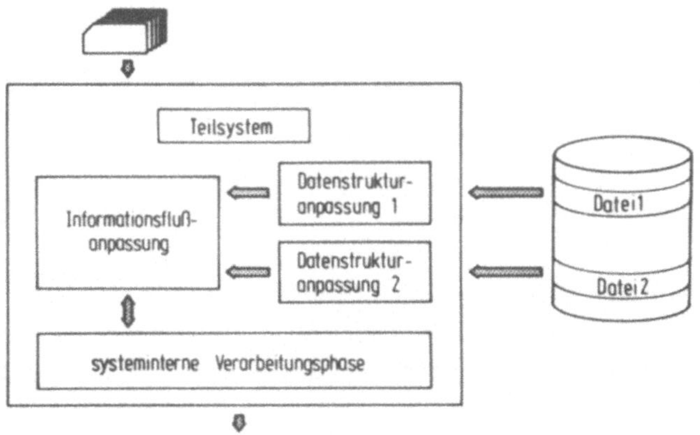

Bild 4-3:   Informationsanpassung bei unterschiedlichen Infor-
            mationsquellen.

Wesentlicher Nachteil einer Systemverknüpfung auf der Ebene von
Dateien ist die Redundanz bei gleichen Verarbeitungsaufgaben
und den dazu erforderlichen Verarbeitungsprogrammen innerhalb
der integrierten Programmiersysteme. Diese Eigenschaft wird bei
einer Systemerweiterung mit zusätzlichen Einzelsystemen noch
verstärkt.

4.2.2 Integration auf der Ebene von Programmsystemen

Der vorgenannte Nachteil wird bei einer Integration auf der
Ebene von Programmsystemen umgangen [19] . Das in Bild 4-4 dargestellte Integrationsprinzip realisiert neben einer gemein-
samen Programm- und Datenverwaltung im Systemkern gemeinsame,
teilproblemspezifische Programm- und Funktionsbausteine, die
für unterschiedliche Subsysteme verwendet werden können. Die
genannten Bausteine müssen jedoch nicht dem Systemkern zugeordnet sein.

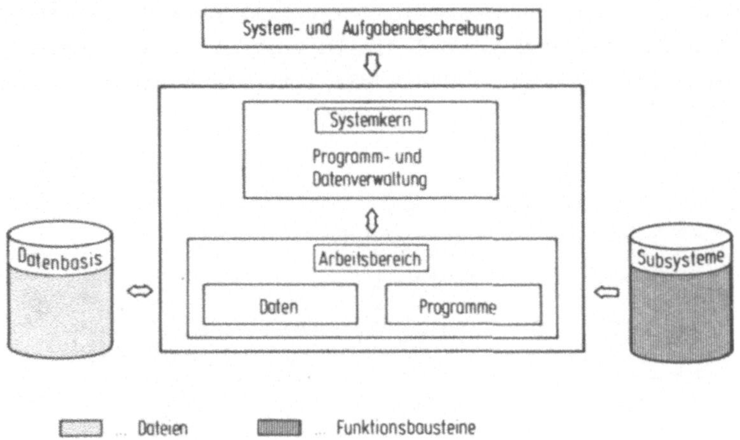

Bild 4-4: Integration auf der Ebene von Programmsystemen

Analysiert man die hier dargestellte Integrationsmöglichkeit
für das vorliegende Problem, dann stellen die bestehenden NC-
Programmiersysteme die Subsysteme dar. Mit diesem Prinzip ist
es möglich, für gemeinsame Aufgaben im integrierten System einen, für alle Systemanwendungen gültigen übergeordneten Systemteil vorzusehen. Notwendige Voraussetzung ist jedoch die Stan-
dardisierung der Datenstrukturen und Systemschnittstellen, die
auch seitens der zentralen Programm- und Datenverwaltung gefordert wird. Diese Forderung stellt gewisse Probleme an die Verknüpfung bestehender Systeme, die trotz einer geeigneten Auswahl meistens Änderungen an diesen bedeuten.

Bei der Verknüpfung bestehender NC-Programmiersysteme sind aufgrund des überwiegenden Einsatzes von APT-ähnlichen Systemen geeignete Voraussetzungen für eine Integration auf der Ebene von Programmsystemen gegeben, da diesen bestimmte, gleiche Teilprobleme (z.B. Interpretation) gestellt sind.

4.2.3 Integration auf der Ebene von Dateien und Programmsystemen

Die Nachteile der bisher dargestellten Integrationsmöglichkeiten können durch ein Verfahren umgangen werden, das eine Verkettung bestehender Systeme sowohl auf der Ebene von Dateien als auch auf der Ebene von Programmsystemen vorsieht. Demnach werden Einzelsysteme mit gleichen System- und Datenstrukturen über gemeinsame, zentrale Programmbausteine verknüpft, während andere über Dateien in das Gesamtsystem integriert werden. Diese Vorteile führen bei der Planung eines integrierten NC-Programmiersystems zu folgendem Konzept (Bild 4-5).

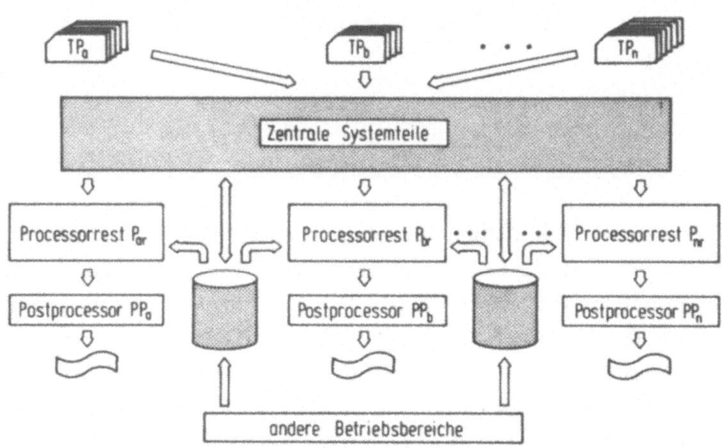

Bild 4-5: Integriertes NC-Programmiersystem

Mit den vorgegebenen, unterschiedlichen Aufgabenbeschreibungen
in den unterschiedlichen Teileprogrammen TP_i (i=a,...,n) ist die
Eingabeschnittstelle des Systems bestimmt. Die Postprocessoren
definieren die Ausgabeschnittstelle mit der Steuerdatenerstellung für die jeweilige NC-Maschine.

Kennzeichnend für die Informationsverarbeitung ist, daß der
Informationsfluß wie beim Einsatz autarker Einzelsysteme verti-
kal vom Teileprogramm bis zur NC-Steuerdatenaufbereitung im
Postprocessor verläuft. In Erweiterung zur bisherigen Informationsverarbeitung in NC-Programmiersystemen werden unabhängig
von der Systemaufgabe und der damit verbundenen Systemanwendung
zur Teileprogrammverarbeitung zentrale Programmbausteine durch-
laufen (Integration auf der Ebene von Programmsystemen) und bei
der Informationsbereitstellung auf Daten vorangegangener Systemanwendungen oder anderer Betriebsbereiche zugegriffen (Integration auf der Ebene von Dateien).

Für den Aufbau eines solchen Systems ist vor der Auswahl bestehender NC-Programmiersysteme als Basissysteme und der Konzeption zentraler Systemkomponenten eine geeignete Struktur
festzulegen.

4.3   Strukturkonzept für ein integriertes NC-Programmiersystem

Mit dem Entwurf und Aufbau von modular strukturierten NC-Programmiersystemen [20] sind für den Anwender und Entwickler von
rechnerunterstützten Lösungen zur NC-Programmierung geeignete
Voraussetzungen für einen flexiblen Einsatz und eine Realisierung vorhanden. Unter einer konsequenten Nutzung der Modular-
technik wird im folgenden das integrierte System aufgebaut,
wobei die Auswahl der Basissysteme, die erforderlichen System-
änderungen und die Realisierung der zentralen Systemteile diesem Strukturierungsprinzip entsprechen bzw. anzupassen sind.

Ein modulares Programmiersystem ist aus mehreren, problemorientierten Funktionsbausteinen (Moduln) aufgebaut, die bestimmte Einzelaufgaben erfüllen. Die sequentielle Anordnung
der Moduln löst die an das Gesamtsystem gestellte Aufgabe. Demnach sind Moduln logisch abgeschlossene Funktionsbausteine, die
bestimmten Anforderungen genügen und entsprechende Voraussetzungen im Hinblick auf die Gesamtverarbeitung erfüllen. Wesent-
lich dabei ist die Datenein- und Datenausgabe zwischen den Moduln und die Steuerung des Verarbeitungsablaufes. Unabhängig
von der Anwendung des Gesamtsystems ist in Bild 4-6 der prinzipielle Aufbau eines modularen Programmiersystems und der Informationsfluß zwischen den Moduln und Speichermedien dargestellt.

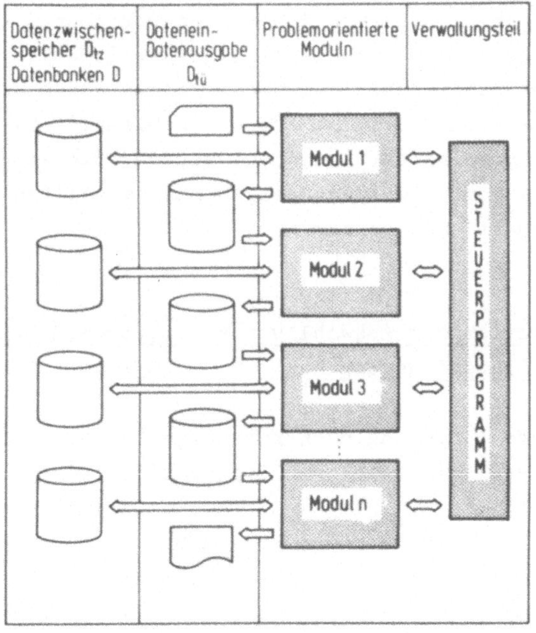

Bild 4-6: Modulares Programmiersystem nach [20]

Infolge der geforderten Flexibilität bei der Systemanwendung
und -erweiterung ist für die Informationsverarbeitung vorauszu-
setzen, daß jeder Modul sowohl auf Systemeingabedaten als auch
auf Verarbeitungsergebnisse bereits durchlaufener Moduln Zugriff hat. Den genannten Forderungen wird mit der Realisierung
des Informationsflusses über periphere Speicher zur Datenein-
und Datenausgabe $D_{tü}$, sowie zur Datenzwischenspeicherung D_{tz}
entsprochen. Neben der Informationsbereitstellung über diese
temporäre Dateien ist jedem Modul bei Bedarf der Zugriff auf
permanente Dateien oder Datenbanken D möglich.

Die Nachteile einer zeitlichen Mehrbelastung aufgrund der Informationsverarbeitung über periphere Speicher und der damit
verbundenen aufwendigeren Datenhandhabung werden durch die Vorteile einer beliebig abspeicherbaren Datenmenge unabhängig vom
Zentralspeicher der Rechenanlage ausgeglichen. Steuert man neben dem Verarbeitungsablauf den Datenaustausch über einen zentralen Verwaltungsteil, so können problemorientierte Moduln
unabhängig voneinander aufgebaut werden. Sie sind dann ledig-
lich an die vom Verwaltungsteil bereitgestellten Daten (Struktur und Inhalt) anzupassen.

4.4 Kriterien zur Auswahl von Basissystemen bzw. zur Planung von Systemänderungen

Die bekannte Forderung nach rechnerunabhängigen NC-Programmiersystemen bestimmt sowohl den Systemaufbau als auch die Anforderung an die Rechenanlage. Mit der in [3] gezeigten Existenz
eines FORTRAN-Compilers und dem Aufbau eines Programmiersystems
auf der Programmiersprache FORTRAN, in diesem Zusammenhang
auch als Basissprache bezeichnet, ist das Programmiersystem nur
von der Basissprache und der Einsatz des Systems auf der Rechenanlage von der Verfügbarkeit eines entsprechenden Sprachcompi-
lers abhängig.

Aufgrund der heute weitverbreiteten Verfügbarkeit von FORTRAN
auf unterschiedlichen Rechenanlagen und dem Aufbau der meisten
NC-Programmiersysteme auf dieser Sprache wird für das Gesamtsystem FORTRAN als Basissprache gewählt. Diese Maßnahme gewährleistet eine rechnerunabhängige Konzeption des integrierten
Systems und somit die Allgemeingültigkeit, die bei Entwicklungen
auf diesem Gebiet gefordert werden. Dementsprechend sind die
Basissysteme auszuwählen und die erforderlichen Änderungen sowie
Erweiterungen durchzuführen.

4.4.1 <u>Auswahl bestehender NC-Programmiersysteme als Basis-</u>
<u>systeme</u>

Für den Nachweis eines breiten Anwendungsbereichs sind bestehende NC-Programmiersysteme auszuwählen, die seitens der technischen Eigenschaften, der Systemstruktur und der Verfügbarkeit auf geeigneten Rechenanlagen heutigen und zukünftigen Anforderungen entsprechen. Eine Allgemeingültigkeit ist dann gewährleistet, wenn die in Kap.3.1 aufgezeigten Normen bzw. Nor-
menentwürfe bei der Systemauswahl berücksichtigt werden.

Mit dem einheitlichen Sprachsystem, der systeminternen Bestimmung von technologischen Daten, dem Systemaufbau auf FORTRAN
und dem breiten Anwendungsbereich liegt den EXAPT-Systemen ein
Konzept zugrunde, das sich als Grundlage für ein integriertes
NC-Programmiersystem eignet[21]. Berücksichtigt man zusätzlich
eine neuere Systementwicklung auf dem Gebiet der rechnerunterstützten Programmierung numerisch gesteuerter Meßmaschinen[22],
dann ergibt sich für das Gesamtsystem der in Bild 4-7 gezeigte
Anwendungsbereich mit den entsprechenden Basissystemen als Systemkomponenten. Dabei ist das BASIC-EXAPT ein universelles
System, das jedoch in der Technologieverarbeitung eine geringere
Automatisierungsstufe aufweist, während EXAPT1.1, EXAPT2 und
NCMES Systeme mit anwendungsspezifischen Technologieverarbei-
tungsprogrammen sind.

	Integriertes NC-Programmiersystem			
Basissysteme / Anwendung	BASIC-EXAPT	EXAPT1.1	EXAPT2	NCMES
Bohren	x	(x)		
Drehen	x		(x)	
Fräsen	x	x		
Nibbeln	x			
Brennschneiden	x			
Messen				(x)

(x)... anwendungsspezifische Technologie

Bild 4-7:   Basissysteme des integrierten NC-Programmiersystems

Analog zu dem Anwendungsbereich des Gesamtsystems werden Ferti-
gungs- und Meßaufgaben im folgenden als Systemaufgaben und die
entsprechenden Teileprogramme als aufgabenspezifische Teileprogramme bezeichnet.

4.5   Zentrale Systemkomponenten und ihre Aufgabenzuordnung

Aufgrund der bisher dargestellten Systemanforderungen, Integrationsmöglichkeiten und Auswahl der Basissysteme sind innerhalb
des Gesamtsystems Aufgabenbereiche zu erfassen, die in übergeordneten, zentralen Systembausteinen für alle Systemanwendungen zusammengefaßt werden können. Eine Aufgabenzuordnung
ermöglicht den Aufbau entsprechender zentraler Systemkomponenten.

4.5.1   Steuerung und Organisation des Verarbeitungsablaufes

Die folgerichtige Verarbeitung von Teileprogrammen für unterschiedliche Systemaufgaben setzt die Verwaltung der jeweils
erforderlichen Systemteile zur Teileprogrammverarbeitung sowie
die Steuerung des Verarbeitungsablaufes voraus. Infolge der
gewählten Systemstruktur ist mit der Programmverwaltung die
Datenorganisation und -handhabung für das Gesamtsystem durchzuführen.

Unabhängig von der Systemaufgabe übernimmt eine zentrale Systemverwaltung die Funktionen Bestimmung, Steuerung und Überwachung des Verarbeitungsablaufes (Bild 4-8). Ausgehend von
noch festzulegenden Vorgabeparametern muß dieser Systemteil die
Systemaufgabe erkennen und die vorgenannten Funktionen verar-
beiten.

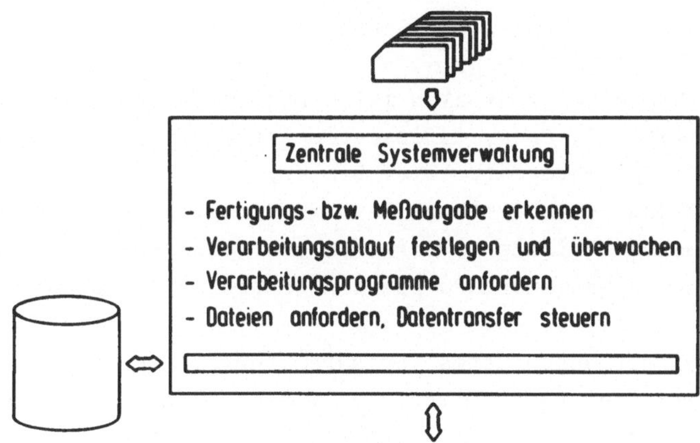

Bild 4-8: Funktionen der zentralen Systemverwaltung

4.5.2 Teileprogramminterpretation und Syntaxprüfung

Die Aufgaben Einlesen, Erkennen und Prüfen auf formale Fehler
von Teileprogrammanweisungen stellen einen in sich abgeschlossenen Aufgabenbereich dar und können bei geeigneter Auslegung
der erforderlichen Verarbeitungsprogramme in einem übergeordneten, für alle Anwendungsfälle gültigen Systemteil zusammengefaßt werden.

4.5.2.1 Zentrale Teileprogramminterpretation

Die Interpretationsphase analysiert jede Anweisung, ausgehend
von der vorgegebenen Programmiervorschrift zur Bildung von
Sprachaussagen und stellt eine für die nachfolgende Verarbeitung
gerechte Darstellung bereit. Dabei werden aus den mnemotechni-
schen Formulierungen im Teileprogramm systemeigene, rechnerinterne Darstellungen der Sprachaussagen erzeugt.

Der Aufbau einer zentralen Teileprogramminterpretation für ein
integriertes NC-Programmiersystem erfordert demnach die Erfas-
sung des Sprachvorrats aller Basissysteme. Bei der Verknüpfung
von APT-ähnlichen Systemen ist ein zentrales Interpretationsprogramm vom Prinzip her einfach zu realisieren, da diese Systeme auf einen standardisierten Wortschatz aufbauen.

Ein vielfach angewandtes Verfahren zur Interpretation und
systeminternen Darstellung von Sprachaussagen ist in [23] gezeigt.
Grundlage dieses Prinzips ist ein Zahlensystem, das zu einer Basis aufgebaut wird, die mit der Anzahl der zugelassenen Zeichen
des Zeichenvorrats ZV gebildet wird. Eine Optimierung und Verbesserung des gezeigten Vorschlags ergibt sich aus der getrenn-
ten Behandlung der Sonderzeichen. In problemorientierten Programmiersprachen haben Sonderzeichen die Aufgabe, Sprachaussagen
zu trennen und dem Verarbeitungsablauf bestimmte Verarbeitungsalgorithmen zuzuordnen. Letzteres sind arithmetische Operatio-

nen und Klammerstrukturen. Da die Sonderzeichen demnach nur
einzeln zu interpretieren sind, werden sie getrennt im vorgenannten Interpretationsverfahren behandelt. Damit reduziert
sich im vorliegenden Fall die Basis des Zahlensystems von 47
auf 36 (26 Buchstaben und 10 Ziffern).

Interpretiert man mit diesem Verfahren die möglichen Zeichen-
kombinationen entsprechend den Programmiervorschriften, so er-
fordern die darzustellenden Zahlen max. 31 bit einer Zentral-
speichereinheit, was beim Einsatz von Rechenanlagen der mittleren Größe wesentliche Vorteile hat bzw. dieses Verfahren erst
anwendbar macht.

Nach der rechnerinternen Darstellung der Sprachaussagen ist
diesen eine für die Verarbeitung im System notwendige Bedeutung
zuzuordnen. Dazu werden Sprachworttabellen eingesetzt, die den
jeweiligen Sprachvorrat der Programmiersprache enthalten. Ein
Sprachworttabellenaufbau und ein geeignetes Suchverfahren ist
in [24] gezeigt. Dieses Prinzip wird dem zentralen Interpretationsprogramm in dem hier zu konzipierenden System zugrunde
gelegt.

4.5.2.2   Zentrale Syntaxprüfung

Die folgerichtige Verarbeitung in einem Processor ist nur gewährleistet, wenn u.a. die Notierungsvorschriften der jeweiligen Programmiersprachen eingehalten sind. Es ist deshalb notwendig, mit der Interpretation von Sprachaussagen eine Prüfung
der Programmiervorschriften durchzuführen.

Für die Durchführung einer Syntaxprüfung ist es Voraussetzung,
alle vorkommenden, richtigen Sprachanweisungen einer Programmiersprache zu erfassen. Bei der Planung einer Syntaxprüfung
in einem integrierten System sind daher die Anweisungsformen
aller ausgewählter Basissysteme zu erfassen. Wie bei der Inter-

pretation von Sprachaussagen haben APT-ähnliche Systeme wesentliche Vorteile zur Integration, denn sie bauen mit dem Wortvorrat auf einer ebenfalls standardisierten Struktur der Anweisungen auf.

Zur Behandlung einer Syntaxprüfung gibt es zwei prinzipielle Verfahren [25]. Zum einen sind die Anweisungen und die grammatikalischen Regeln gegeben, und es wird der Anweisungsaufbau mit diesen Regeln verglichen, bzw. die Anweisung wird so zerlegt, bis es eine Form gibt, die mit der Grammatik übereinstimmt. Letzteres führt zur Entwicklung von aufwendigen Algorithmen, was sich mit der Gesetzmäßigkeit möglicher Permutationen bei einer vorgegebenen Anzahl von Sprachaussagen nachweisen läßt.

Das andere Prinzip einer Syntaxprüfung erzeugt alle möglichen, formal richtigen Anweisungen einer Programmiersprache. Die Schwierigkeiten liegen dabei in der Bildung der Grammatiken. Bei NC-Programmiersystemen wird dieses Verfahren über sog. Pre-Processoren realisiert, die es erlauben, alle Anweisungen rechnergeführt zu generieren [26]. Dieses Verfahren setzt jedoch einen Dialogbetrieb voraus.

Analysiert man die Programmbausteine zur Syntaxprüfung der ausgewählten Basissysteme, so arbeiten diese nach einem Verfahren, das den Anweisungsaufbau mit den grammatikalischen Regeln entsprechend dem erstgenannten Prinzip vergleicht. Erweitert man diese Konzeption für alle Anweisungsformen der Basissysteme und faßt die Aufgaben Einlesen, Interpretieren und Syntaxprüfen zusammen, dann ergibt sich der in Bild 4-9 gezeigte zentrale Systemteil zur Teileprogramminterpretation mit den einzelnen Verarbeitungsphasen. Kennzeichnend für diese Systemkomponente ist, daß erst ein fehlerfreies Teileprogramm die eigentliche Verarbeitungsphase freigibt. Der Aufbau und einzelne aufgrund der Integration erforderliche Verarbeitungsalgorithmen werden in Kap.5.3 dargestellt.

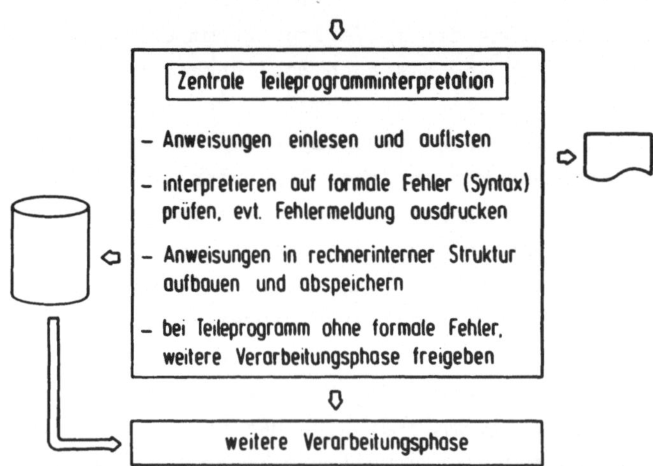

Bild 4-9:   Zentraler Systemteil zur Teilerpogramminterpretation

4.5.3   Verarbeitung und Bereitstellung geometrischer Informationen

Bei der Informationsverarbeitung in fertigungstechnisch orientierten Programmiersystemen sind die Werkstückinformationen der technischen Produkte die Grundlage eines zentralen Informationsbestands. Gemäß dem in Bild 2-3 gezeigten Informationsfluß werden diese Informationen in der Gestaltungs- und Detaillierungsphase in der Konstruktion erzeugt. Innerhalb weiterer Produktionsbereiche dienen die Werkstückinformationen von der Arbeitsplanung über die Fertigung bis zur Kontrolle der geometrischen und funktionellen Eigenschaften des Produkts als hauptsächlicher Bestandteil der Informationsverarbeitung und -bereitstellung. Dementsprechend sind der Beschreibung und Darstellung geometrischer Werkstückinformationen bei einem integrierten NC-Programmiersystem eine zentrale Funktion beizumessen.

Ausgehend von den ausgewählten Basissystemen und den Anforderungen seitens einer integrierten Informationsverarbeitung muß ein zentraler Systemteil sowohl die Verarbeitung und rechner-

interne Darstellung der im Teileprogramm definierten Geometrieelemente durchführen, als auch Möglichkeiten vorsehen, während
der Verarbeitungsphase auf geometrische Informationen von Dateien oder Datenbanken zurückzugreifen. Die relevanten Geometrieinformationen können dabei Ergebnisse von Informationsver-
arbeitungen vorgelagerter Betriebsbereiche oder von vorange-
gangenen Systemanwendungen des Gesamtsystems sein. Letztgenanntes ist dann vorzusehen, wenn für eine Fertigungsaufgabe unterschiedliche Fertigungsverfahren eingesetzt werden. Weitere
Vorteile sind gegeben, wenn zusätzliche Technologiedefinitionen
an gleichen Fertigungs- oder Meßaufgaben getroffen werden müssen. Der Teileprogrammierer kann dem vorhandenen Geometriein-
formationsbestand eine erweiterte Technologie über das Teileprogramm zuordnen. Es ist jedoch in allen Fällen einer mehr-
fachen Verwendung von Geometrieinformationen zu gewährleisten,
daß ein fehlerfreier Informationsbestand vorliegt, damit evt.
vorhandene Fehler nicht in andere Verarbeitungsphasen bzw. Fer-
tigungs- oder Meßvorgänge übertragen werden.

4.5.3.1 <u>Entwurf einer zentralen Geometrieverarbeitung</u>

Die ausgewählten NC-Programmiersysteme haben aufgrund ihrer
aufgabenspezifischen Anwendung zugeschnittene Verfahren zur
Definition und Verarbeitung geometrischer Elemente [27,28,29].
Für Fertigungsaufgaben wie Bohren, Drehen und 2 1/2-dimensio-
nales Fräsen genügen Beschreibungsformen 2-dimensionaler Elemente (Punkt, Gerade, Kreis), bzw. es wird zur Definition spe-
zieller Werkstückformen (Konturen) die Beschreibungsmöglichkeit
solcher Elemente vorausgesetzt. Die endgültige 3-dimensionale
Werkstückform wird dann durch eine Zuordnung der Werkstückbe-
schreibung zu Werkzeugbewegungen, Werkstück-, Werkzeugformen
und -abmessungen erreicht.

Mit der Integration eines Systems zur Programmierung von NC-
Meßmaschinen, das aufgrund seines Anwendungsbereiches [30] und

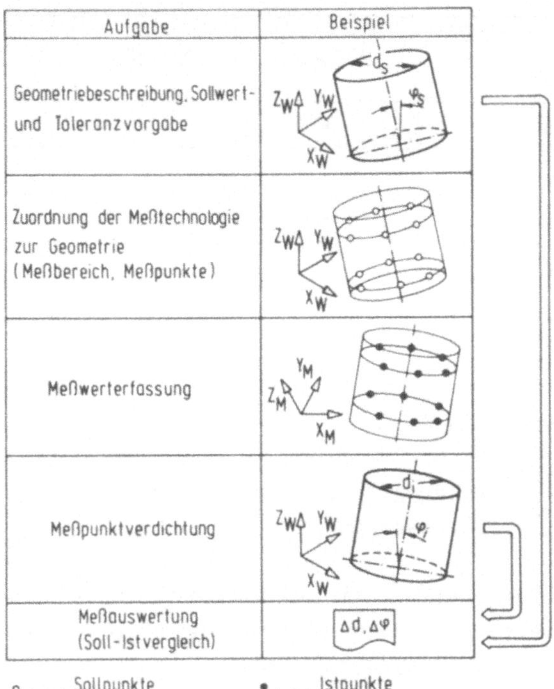

Bild 4-10: Prinzip des Meßvorganges auf NC-Meßmaschinen

dem Prinzip des Meßvorganges (Bild 4-10) auf den genannten Maschinen eine vollständige, 3-dimensionale Beschreibung der Geometrielemente voraussetzt [31] , sind die dazu erforderlichen Anweisungsformen und Verarbeitungsalgorithmen in den Systementwurf miteinzubeziehen, bzw. die vorhandenen Lösungen miteinander zu verknüpfen.

Analysiert man die möglichen Systemanwendungen hinsichtlich der zur Beschreibung der Fertigungs- und Meßaufgaben erforderlichen Geometrieelemente, dann ergibt sich die in Bild 4-11 gezeigte Anforderung der jeweiligen Anwendung an die Geometrieverarbeitung. Demnach sind für alle Systemanwendungen die Verarbeitung und Darstellung von 2D-Elementen notwendig, während die 3D-Elemente und Konturbereiche aufgabenspezifische

Geometrieelemente / Anwendung	2D-Elemente	3D-Elemente	Konturen
Bohren	X		.
Drehen	X		X
Fräsen	X	(X)	X
Nibbeln	X		X
Brennschneiden	X		X
Messen	X	X	(X)

(X) ... mögliche Anwendung

Bild 4-11:   Anwendungsspezifische Anforderungen an die Geometrieverarbeitung

Geometrien darstellen. Die in Klammern zugeordnete Geometrieelemente bedeuten eine mögliche, anwendungsspezifische Erweiterung, die dann eingesetzt werden kann, wenn sowohl die Technologieverarbeitung im System, als auch die jeweilige NC-Maschine den entsprechenden Anwendungsfällen angepaßt sind. Beispielhaft seien hier das mehrachsige Fräsen und Vermessen von
Konturen [32] genannt.

Den genannten Anforderungen wird mit einem Konzept der in Bild
4-12 dargestellten zentralen Geometrieverarbeitung entsprochen.
Dabei werden die vorhandenen Funktionsbausteine zur Verarbeitung der 2D-Elemente Punkt, Gerade und Kreis, sowie zur Aufbereitung von Konturbereichen mit einem Baustein zur Verarbeitung
der 3D-Elemente Vektor, Ebene, Kreiszylinder, Kegel und Kugel
erweitert. Im folgenden werden die 2D- und 3D-Elemente auch als
Basisgeometrieelemente bezeichnet.

Die Aufteilung der Geometrieverarbeitung in elementspezifische
Funktionsbausteine zur 2D-, 3D- und Konturverarbeitung gewährleistet eine auf die jeweilige Systemanwendung ausgerichtete

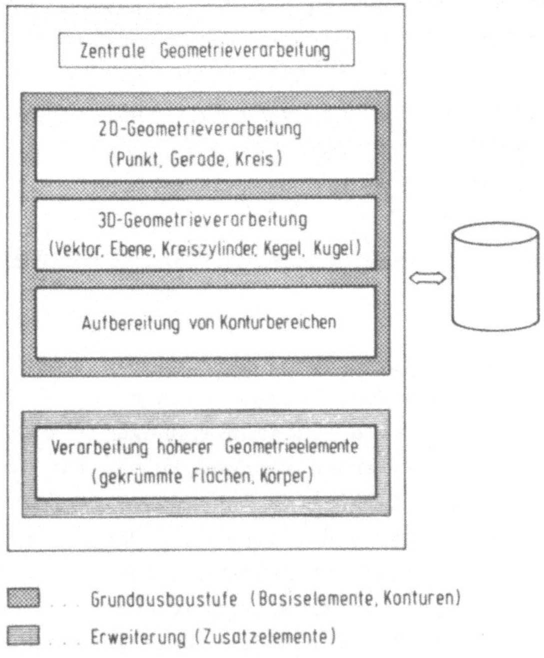

Bild 4-12:   Struktur der zentralen Geometrieverarbeitung

Aufbereitung und Darstellung der geometrischen Elemente. Zusätzlich kann für eine weitergehende Integration zur Verarbeitung anderer Geometrieelemente oder zur Realisierung eines NC-gerechten Werkstückbeschreibungssystem [33] die hier dargestellte Grundausbaustufe so erweitert werden, daß die dann erforderlichen Erweiterungsarbeiten auf den Ergebnissen der Grundausbaustufe durchgeführt werden können.

Da Konturbereiche durch die Verknüpfung von 2D-Elementen erzeugt werden, sind die vorhandenen Funktionsbausteine für die Konturverarbeitung im Rahmen dieser Arbeit nicht zu ändern. Es ist jedoch sicherzustellen, daß auf Ergebnisse der 2D-Verarbeitung zugegriffen werden kann. Für die Realisierung der zentralen Geometrieverarbeitung (Kap.5.4) sind dann neben den

Anpassungen der vorhandenen Verarbeitungsprogrammen für 2D-
Elemente zusätzlich neue Programmbausteine zur 3D-Verarbeitung
aufzubauen. Dabei sind die Anforderungen einer bereichsüberschreitenden Geometrieverarbeitung und der daraus resultierende
Informationsfluß zu berücksichtigen.

4.5.3.2   Bereichsüberschreitende Geometrieverarbeitung

Der genannte Zugriff der zentralen Geometrieverarbeitung auf
permanente Dateien kann sowohl zur Informationsübernahme
als auch zur Informationsübergabe dienen. Die Übergabe ist dann
vorzusehen, wenn weitere Systemanwendungen die aktuellen Geometrieinformationen verwenden können. Primär für den Systementwurf ist jedoch die Informationsübernahme, denn mit den zukünftigen Anforderungen an eine, innerhalb der Produktionsbereiche zu realisierende integrierte Informationsverarbeitung
ist die Erstellung einer Geometriedatenbank mit dem entsprechenden Datenbanksystem verbunden. Letztgenanntes System wird
dann die Informationsübergabe und -organisation in der Datenbank durchführen.

Bei einer bereichsüberschreitenden Geometrieverarbeitung, d.h.
bei der Übergabe oder Übernahme von Informationen an bzw. aus
einer permanenten Datei, ist die Darstellung der Geometrieinformationen von Bedeutung. Sie bestimmt die Ebene auf der die Integration durchgeführt wird. Werden bei einer Systemanwendung
Informationen aus der Verarbeitungsphase übergeben, dann ist
das übergebende Systeme das Übergabesystem, während ein System,
das die Informationen übernimmt, das Übernahme- oder Zielsystem
darstellt.

Werden die genannten Informationen in einem Anweisungsformat
übergeben oder -nommen, dann bedeutet dies eine Integration auf
Teileprogrammebene. Diese Informationsverknüpfung (Bild 4-13)
hat den Nachteil, daß ein erreichter Verarbeitungszustand auf

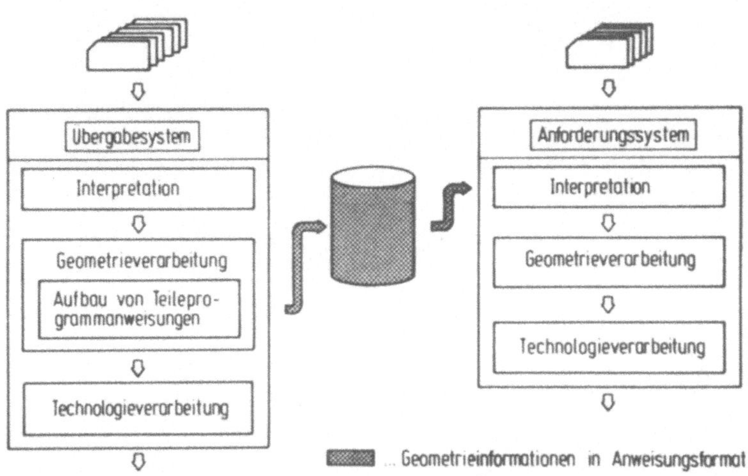

Bild 4-13:   Integration auf Teileprogrammebene

eine vorangegangene Stufe zurückgeführt und dann in einer
für das Übernahmesystem relevanten Anweisungsform dargestellt
werden muß. Daran anschließend sind prinzipiell gleiche Verarbeitungsschritte (Interpretation, Syntaxprüfung und rechnerinterne Darstellung) nochmals durchzuführen. Demgegenüber kann
jedoch je nach Verarbeitungsprinzip im Zielsystem der Vorteil
bestehen, daß auf der Teileprogrammebene Anweisungen von verschiedenen Datenquellen (Teileprogramm, Datei) einfacher verknüpft werden können.

Für eine effektivere Verarbeitung eignet sich daher die Integration auf der Geometrieverarbeitungsebene (Bild 4-14). Die
Geometrieinformationen sind dabei zu einer bestimmten, systemeigenen Grundform verarbeitet. Nachteile dieser Integration ergeben sich dann, wenn die Datenstrukturen von Übergabe- und
Übernahmesystem nicht übereinstimmen und deshalb Strukturanpassungen und -umwandlungen durchzuführen sind.

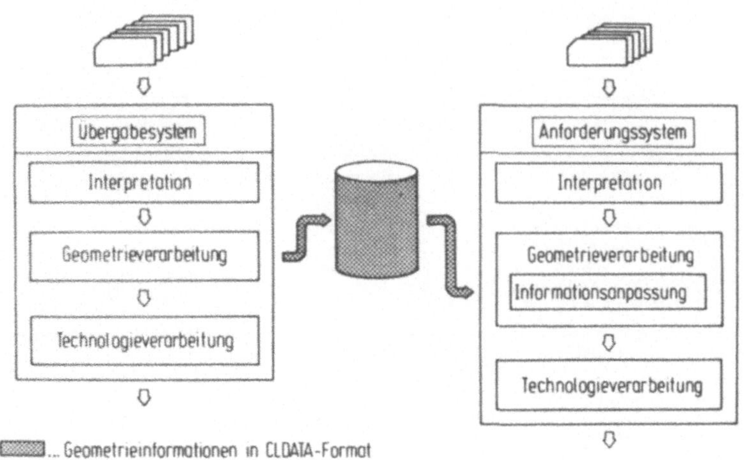

Bild 4-14:   Integration auf Geometrieverarbeitungsebene

Die Entwicklung eines einheitlichen Systems zur Datenhandhabung und -verwaltung in CAD/CAM-Prozessen [34] stellt ein Verfahren bereit, das sowohl auf permanente als auch temporäre
Daten anwendbar ist. Im vorliegenden Fall der Verknüpfung bestehender NC-Programmiersysteme kann demnach vorausgesetzt
werden, daß die Geometrieinformationen auf der permanenten Datei in einer systemgerechten Struktur vorliegen.

Für die Verarbeitung und Nutzung geometrischer Informationen
ergibt sich damit das in Bild 4-15 gezeigte Prinzip. Sind für
nachfolgende Systemanwendungen die aktuellen Ergebnisse der Geometrieverarbeitung abzuspeichern, dann werden diese an die systemeigene Geometriedatenbank D_G übergeben und dort in der
werkstückspezifischen Datei D_{Gi} abgelegt. Sie bilden dann für
nachfolgende Systemanwendungen Geometrieinformationen vorangegangener Systemläufe. In einer weiteren Nutzung können geometrische Informationen von anderen Betriebsbereichen ebenfalls
über die Geometriedatenbank und Einzeldateien bereitgestellt
werden.

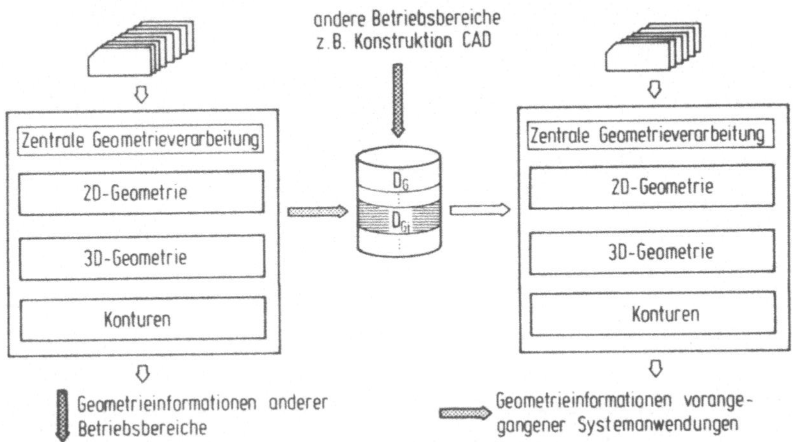

Bild 4-15: Möglichkeiten zur Nutzung geometrischer Informationen

Die integrierte Nutzung geometrischer Informationen auf Geometrieverarbeitungsebene ist bei den ausgewählten Programmiersystemen noch nicht möglich [35]. Es sind deshalb mit der Realisierung der zentralen Systemkomponenten Anpassungen vorzunehmen bzw. Programmbausteine zu entwickeln, die dem aufgezeigten Nutzungsprinzip entsprechen. Zum Nachweis der Funktionsfähigkeit der bereichsüberschreitenden Geometrieverarbeitung ist dann der Entwurf und Aufbau einer permanenten Datei durchzuführen.

4.5.4 Geometriedatenbank als Komponente eines integrierten NC-Programmiersystems

Mit der Erkenntnis der Vorteile einer Integration bestehender Systeme und der Mehrfachnutzung geometrischer Informationen ist ein Konzept einer systemeigenen Geometriedatenbank als Verknüpfungselement verbunden. Im Vordergrund steht dabei nicht der allgemeingültige Aufbau einer solchen Datenbank, sondern

die geeignete Informationsbereitstellung und die daraus resultierenden Anforderungen an Komponenten des Gesamtsystems
hinsichtlich der Informationsübergabe bzw. -übernahme.

4.5.4.1   Aufbau und Struktur der Geometriedatenbank

Betrachtet man die notwendigen Anweisungen zur Erstellung von
Teileprogrammen und die Informationsverarbeitung in NC-Programmiersystemen, so erkennt man wesentliche Informationszusammen-
hänge zwischen den einzelnen Anweisungsgruppen (Kap.3.2.1).
Ein unmittelbarer Zusammenhang besteht zwischen der Geometrie
und Technologie sowohl bei der Definition im Teileprogramm
als auch bei der Verarbeitung im System.

Gemäß dem Definitions- und Verarbeitungsprinzip der Technolo-
giezuordnung zu den jeweiligen Geometrieelementen setzt der
Einsatz von Geometriedateien die Kenntnis über deren Aufbau,
Inhalt und Organisation innerhalb der Geometriedatenbank D_G
(Bild 4-16) voraus.

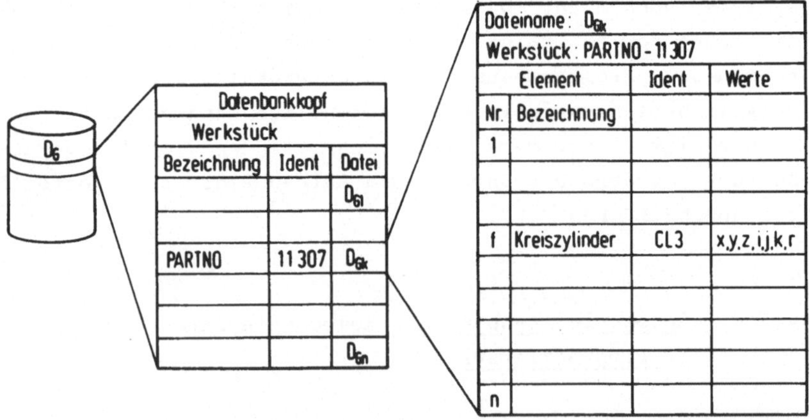

Bild 4-16:   Aufbau und Organisation der systemeigenen Geometriedatenbank D_G

Entsprechend den Anforderungen und der Informationsverarbeitung
im integrierten System besteht die Datenbank aus werkstückspezifischen Geometriedateien D_{Gi}. Ihre Anordnung und Organisation
innerhalb der Datenbank wird im Datenbankkopf verwaltet. Über
ein Identifikationsmerkmal (Dateinummer) wird der Bezug zur jeweiligen Geometriedatei hergestellt. In diesen kann dann auf die
eigentlichen Geometrieinformationen zurückgegriffen werden.
Analog zum Beschreibungsprinzip geometrischer Elemente im Teileprogramm sind hier ebenfalls Merkmale zur Identifikation anzugeben, die eine gezielte Anforderung der Geometriedaten ermöglicht.

Für den Einsatz des Gesamtsystems ist ein Systemteil zu berücksichtigen, der die Geometriedatenbank interpretiert und den
Inhalt der Geometriedateien aufzeigt. Anhand einer angeforder-
ten Liste, die den Datenbankkopf darstellt, wird der Teileprogrammierer über den aktuellen Aufbau und Inhalt der Datenbank
informiert. Zusätzlich können über diesen Systemteil bestimmte
Geometriedateien und deren Inhalt aufgelistet werden. Dem Teileprogrammierer ist es damit möglich, über eine genaue Kenntnis
des Inhaltes der Geometriedateien den erforderlichen Zusammenhang zwischen den Geometrieinformationen der Datei und den
Anweisungen des Teileprogramms herzustellen.

4.6 Fertigungs- und meßaufgabenspezifische Systemkomponenten

Die bisherigen Aufgabenanalysen und die daraus abgeleitete Konzeption zentraler Systemkomponenten erfaßten Verarbeitungsphasen, die unabhängig von der Systemaufgabe unter Berücksichti-
gung bestimmter Voraussetzungen zur Teileprogrammverarbeitung
eingesetzt werden können. Demnach werden Teileprogramminterpretation, Syntaxprüfung und Geometrieverarbeitung sowie die
systemeigene Geometriedatenbank als zentrale Komponenten aufgebaut.

Im Gegensatz dazu sind die innerhalb der Technologieverarbeitungsphase erforderlichen Verarbeitungsprogramme systemaufgabenspezifische Teile, die aufgrund ihrer speziellen technologischen Eigenschaften im Hinblick auf eine effektive Anwendung des Gesamtsystems nicht zusammenzufassen sind. Für den Entwurf des Gesamtsystems werden sie deshalb als systemaufgabenspezifische Komponenten (Bild 4-17) eingeordnet. Sie sind identisch mit den in Bild 4-5 genannten Processorresten P_{ir}. Die zur jeweiligen Technologieverarbeitung erforderlichen Dateien (Werkzeuge, Werkstoffe, Schnittwerte, Meßtaster) sind wie bei der autonomen Anwendung der NC-Programmiersysteme bereitzustellen.

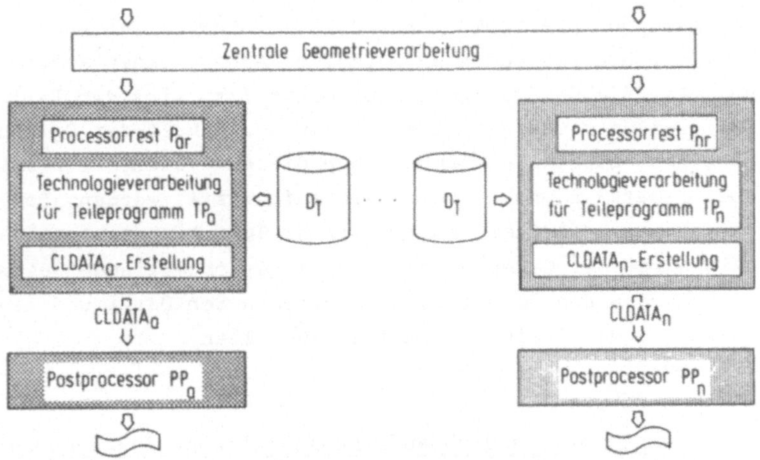

Bild 4-17: Systemaufgabenspezifische Komponenten

Mit der Technologieverarbeitung in den systemaufgabenspezifischen Komponenten sind die Zwischenergebnisse $CLDATA_i$ als Eingabeinformationen für die sowohl systemaufgaben- als auch maschinenspezifischen Postprocessoren zu erstellen. Die Postprocessoren werden ebenfalls aufgrund ihrer zugeschnittenen Aufgaben als systemaufgabenspezifisch integriert (Bild 4-17).

4.7 Aufbau des integrierten NC-Programmiersystems

Erweitert man den Begriff der Moduln oder Funktionsbausteine
auf das integrierte Gesamtsystem, so ergibt sich mit den ausgewählten Basissystemen und den dargestellten zentralen Systemkomponenten folgender Systemaufbau (Bild 4-18).

Den übergeordneten für alle Systemanwendungen gültigen Bereich
bilden die zentralen Systemteile zur Verwaltung, Teileprogramminterpretation, Geometrieverarbeitung und die systemeigene Geometriedatenbank. Von den ausgewählten Basissystemen werden die
vorhandene Technologiemoduln als systemaufgabenspezifische
Komponenten integriert. Je nach Systemanwendung und der zu
programmierenden NC-Maschinen sind die erforderlichen Postprocessoren auszuwählen, was im Bild nicht dargestellt ist, da
diese Auswahl vom jeweiligen Anwender zu treffen ist.

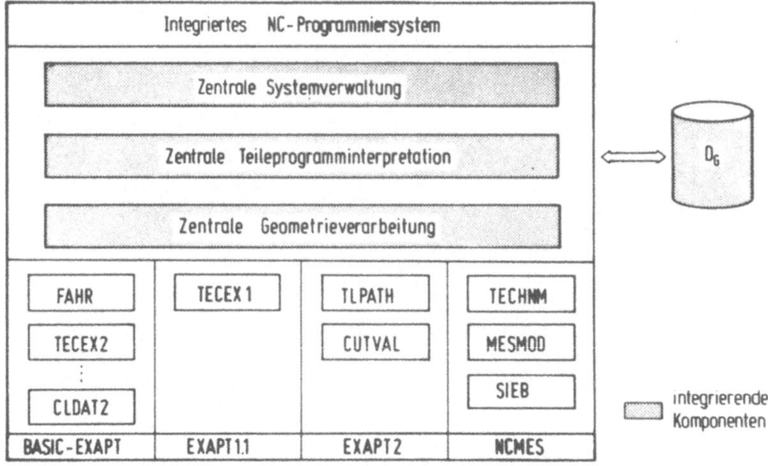

Bild 4-18: Aufbau und Komponenten eines integrierten
NC-Programmiersystems

Für die Verknüpfung bestehender NC-Programmiersysteme zu einem ·
integrierten Gesamtsystem zur Programmierung numerisch gesteuerter NC-Maschinen wurde anhand der Systemanforderungen und
Aufgabenanalysen der Aufbau von zentralen Systemteilen (inte-
grierende Komponenten) und systemaufgabenspezifischen Komponenten dargestellt. Entsprechend der Aufgabenstellung der Arbeit, sowohl Voraussetzungen und Konzepte als auch Lösungen für
eine integrierte Informationsverarbeitung bei der NC-Programm-
mierung aufzuzeigen, werden im folgenden die zentralene Systemteile aufgebaut.

5 Aufbau zentraler Systemteile in einem integrierten NC-Programmiersystem

Ausgehend von den Systemanforderungen werden durch den Aufbau
neuer Funktions- und Programmbausteine sowie durch die Anpassung der in den ausgewählten Basissystemen vorhandenen Systembausteinen nachstehend die zentralen Komponenten rechner-
unabhängig realisiert. Probleme aus der Forderung einer Rech-
nerunabhängigkeit ergeben sich jedoch bei der Systemstruktu-
rierung.

5.1 Realisierung der Systemstruktur

Die in Kap.4.3 festgelegte Systemstruktur gewährleistet sowohl
eine flexible Systemanwendung als auch Systemerweiterung.
Damit sind die Voraussetzungen für eine anwendergerechte Struktur gegeben. Weitere Anforderungen an die Systemstruktur werden von der Systemimplementierung auf der zur Verfügung stehenden Rechenanlage gestellt.

Um einen aufwendigen Zentralspeicherbedarf bei der Verarbeitung im Rechner zu vermeiden, werden umfangreiche Programmsy-
steme so strukturiert, daß während der Verarbeitung im Zentralspeicher nur die erforderlichen Teile (Segmente) des Systems
gehalten werden. Zur Realisierung einer Strukturierung werden
je nach Rechnerhersteller unterschiedliche Möglichkeiten auf
verschiedenen Ebenen der Rechenanlage (Hardware-, Betriebssy-
stem- und Benutzerebene) angeboten, die demnach rechnerabhän-
gig sind.

Ein heute vielfach, auf unterschiedlichen Rechenanlagen in Ver-
bindung mit FORTRAN-Compilern zur Verfügung stehendes Verfahren zur Programmstrukturierung ist die überlagernde Segmentierung (Overlay-Technik). Da diese Technik auf der für die
Systemimplementierung vorhandenen Rechenanlage möglich ist,
und diese Technik ein Verfahren auf Benutzerebene darstellt,

wird es für die Realisierung der Systemstruktur des integrierten Systems angewandt.

Kennzeichnend für die überlagernde Segmentierung ist, daß die
einzelnen Segmente im Programmsystem definiert und aufgerufen
werden. Mit dieser Definition wird die Segmentbezeichnung und
relative Anordnung der Segmente untereinander festgelegt. Entsprechend der relativen Lage werden sie beim Aufruf in den
Zentralspeicher geladen, wobei unterschiedliche Segmente gleiche Anfangsadressen haben können und dann beim Laden über-
lagert werden. Bild 5-1 zeigt die Anordnung der zentralen Systemkomponenten mit dem erforderlichen Speicherplatzbedarf, der
für eine Systemimplmentierung auf einer Rechenanlage der mitt-

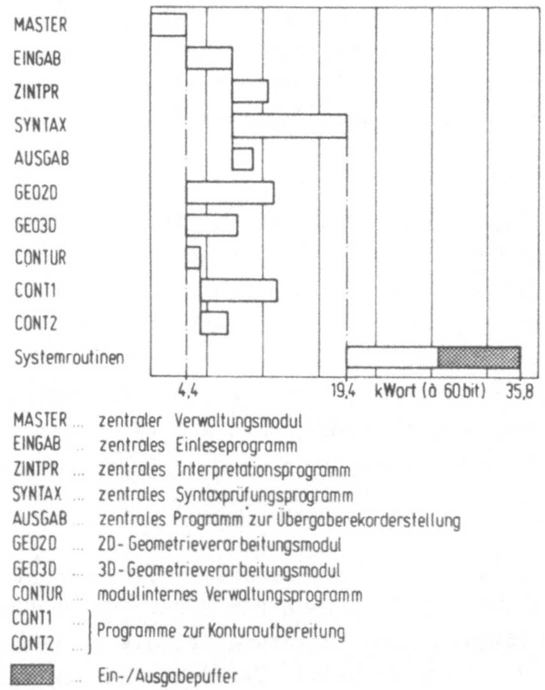

Bild 5-1:   Überlagernde Segmentierung der zentralen System-
            komponenten.

leren Größe (Wortlänge 16 bit) etwa um den Faktor 4 größer ist.
Um einen bestimmten Bedarf nicht zu überschreiten, können ein-
zelen Funktionsbausteine in baustein- oder modulinterne Seg-
mente unterteilt werden. Im Bild stellen die Segmente EINGAB,
ZINTPR, SYNTAX und AUSGAB den Funktionsbaustein zur zentralen
Teileprogramminterpretation dar.

5.2 Zentrale Systemverwaltung

Die festgelegte Struktur und möglichen Systemanwendungen er-
fordern einen zentralen Systemteil zur Verwaltung des Verarbeitungsablaufes.

Mit dem Einsatz des Gesamtsystems (Bild 4-18), das in der so,
auf einem Externspeicher ablegten Form aus einzelnen, bezogen
auf den Verarbeitungsablauf noch nicht miteinander verkette-
ten Komponenten besteht, muß für die jeweilige Teileprogrammverarbeitung eine folgerichtige Verarbeitungsphase bereitgestellt werden. Da je nach Fertigungs- oder Meßaufgabe dazu ver-

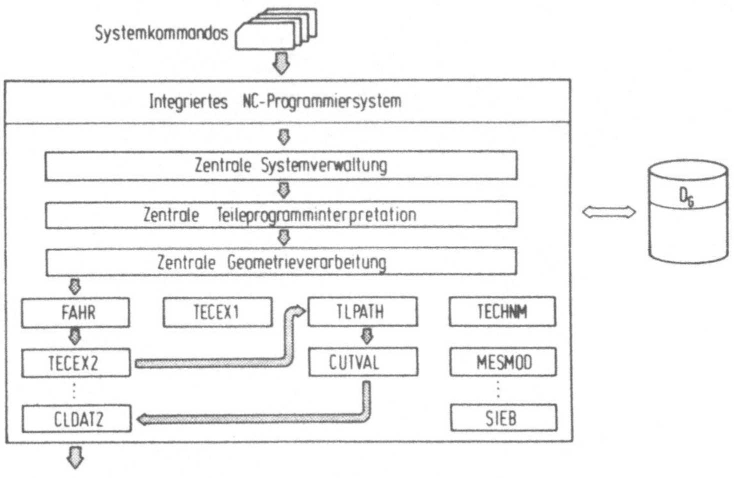

Bild 5-2: Festlegung eines Verarbeitungsablaufes mittels Systemkommandos

schiedene Systemkomponenten erforderlich sind, muß das zentrale Verwaltungsprogramm vor der eigentlichen Teileprogrammverarbeitung unter der Vorgabe von geeigneten Anweisungen einen Verarbeitungsablauf durch das Gesamtsystem festlegen, der die folgerichtige Anordnung und Verkettung, sowie die zeitgerechte Anforderung der Funktionsbausteine sicherstellt(Bild 5-2).

5.2.1 Vorgabe des Verarbeitungsablaufes und Anforderung der Systemkomponenten

Zur Festlegung eines Verarbeitungsablaufes und der damit verbundenen Anforderung von Systemkomponenten sind sowohl eine einfache Handhabung für den Benutzer als auch eine flexible Anwendung einzelner Komponenten zu berücksichtigen. Diesen Forderungen wird mit einer impliziten und expliziten Systembeschreibung durch Systemkommandos (Bild 5-3) entsprochen. Da beide Möglichkeiten der Systembeschreibung einen Verarbeitungsablauf festlegen, sind die Systemkommandos im zentralen Verwaltungsprogramm vor der Teileprogrammverarbeitung zu interpretieren und damit dem Teileprogramm voranzustellen.

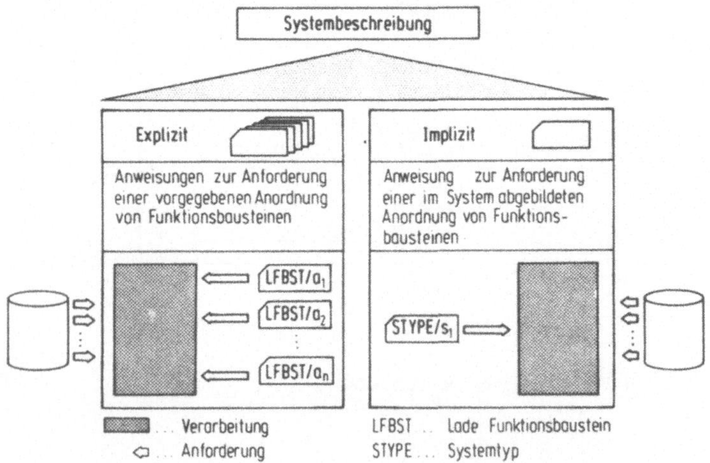

Bild 5-3: Möglichkeiten der Systembeschreibung

Die implizite Systembeschreibung wird durch <u>ein</u> Kommando realisiert und gewährleistet demzufolge eine einfache Handhabung.
Es wird dabei vorausgesetzt, daß für die vorgesehenen Anwen-
dungsmöglichkeiten des Systems die jeweils erforderlichen Anordnungen von Funktionsbausteinen intern abgebildet sind. Ein
implizites Systemkommando steuert eine dieser Anordnungen an,
indem es die Aufrufe der einzelnen Systemkomponenten im zentralen Verwaltungsprogramm aktiviert. Bild 5-4 zeigt die möglichen impliziten Systemkommandos und die Zuordnung der jeweils
aufgerufenen Funktionsbausteine.

Systemkommando	Basissystem	ZINTPR	GEO2D	GEO3D	CONTUR	TECEX2	TECEX1	FAHR	MESMOD	TECHNM	AUSRI	FARCON	TLPATH	CUTVAL	MOTION	LISTEN	CLDAT2	SIEB	PPFFS	UMM500
STYPE/1	BASIC-EXAPT	x	x		x			x								x	x		x	
STYPE/2	EXAPT1.1	x	x			x	x	x			x	x			x	x	x		x	
STYPE/3	EXAPT 2	x	x		x	x		x			x	x	x	x	x	x	x			
STYPE/4	NCMES	x	x	x				x	x	x	x					x		x		x

Bild 5-4:   Implizite Systemkommandos (Erklärung s. Bild 5-5)

Bei der expliziten Beschreibung des Verarbeitungsablaufes ist
es dem Anwender möglich, einzelne Funktionsbausteine anzufor-
dern und damit die Systemanwendung speziell an seinen Anforderungen zu orientieren. Mit dieser Systembeschreibung sind
zusätzlich die Bedingungen zur Lösung von Teilaufgaben
geschaffen. Dies betrifft die Interpretation von Teileprogrammen oder die Programmierung von Zeichenanlagen zur Darstellung von Verarbeitungsergebnissen (z.B. Werkzeugwege).

Da mit diesen Systemkommandos für jeden anzufordernden
Funktionsbaustein eine Anweisung erforderlich ist, muß dem
Anwender eine genaue Kenntnis über die vorhandenen Bausteine
und ihren Anwendungsbereich vorliegen. Über eine im zentralen
Verwaltungsteil gehaltene Liste (Bild 5-5) kann sich der Sy-
stembenutzer über die aktuellen Bestandteile des Systems und
den jeweiligen Anwendungsbereich informieren. Hier ist jedoch
zu gewährleisten, daß jede Systemänderung in dieser Liste ge-
führt wird. Analog zur impliziten Systembeschreibung aktiviert
jedes explizite Kommando den Aufruf eines Funktionsbausteins.

```
        AKTUELLE FUNKTIONSBAUSTEINE IN        IFPS-NC
```

ANWENDUNG	NAME	KENNR.
		1
INTERPRETATION	ZINTPR	2
		3
		4
2D-GEOMETRIE	GEO2D	5
		6
		7
		8
3D-GEOMETRIE	GEO3D	9
		10
		11
KONTURVERARBEITUNG	CONTUR	12
		13
		14
		15
		16
KARTEIENAUSWAHL	TECEX2	17
		18
BOHR-FRAESTECHNOLOGIE	TECEX1	19
FAHR-POSITIONIERANWEISUNG	FAHR	20
MESSANWEISUNGSVERARBEITUNG	MESMOD	21
MESSKRAFT-MESSRICHTUNG -TASTER	TECHMM	22
VERARBEITEN AUSRICHTANWEISUNGEN	AUSR1	23
SCHNITTWEGGENERIERUNG	FARCON	24
SCHNITTWEGERMITTLUNG	TLPATH	25
		26
		27
		28
		29
		30
		31
		32
		33
		34
		35
		36
POSTPROCESSOR FFS	PPFFS	37
POSTPROCESSOR UMM500	UMM500	38
		39
WERKZEUGVERSATZ FAHRANWEISUNGEN	MOTION	40
WERKZEUGVERSATZ		41
		42
SCHNITTWERTERMITTLUNG	CUTVAL	43
		44
		45
AUSGABE VON TAPES	LISTEN	46
		47
		48
AUSGABE VON CLDATA	CLDATZ	49
AUSGABE VON GMDATA	SIEB	50

Bild 5-5: Liste der Funktionsbausteine des Gesamtsystems

5.2.2 Zentrale Datenverwaltung

Die gewählte Struktur des integrierten Systems setzt einen Informationsfluß zwischen den einzelnen Komponenten über die jeweiligen Datenzwischenspeicher voraus. Da diese Aufgabe für alle Funktionsbausteine durchzuführen ist, muß mit der Steuerung des Verarbeitungsablaufes im Verwaltungsmodul eine zentrale Datenbereitstellung und -handhabung durchgeführt werden.

Eine generelle Lösung für eine Datenorganisation in modularen Programmiersystemen stellt das Datenverwaltungsprogramm INOUT bzw. INOUT2 der modularen EXAPT-Systeme dar [36]. In der bisherigen Form dient diese Lösung zur Handhabung des Datenverkehrs zwischen den einzelnen Moduln über die Ein- und Ausgabespeicher $D_{tü}$ bzw. Datenzwischenspeicher D_{tz} (Bild 4-6) und kann deshalb auch hier eingesetzt werden.

Aufgrund der Anforderungen einer bereichsüberschreitenden Geometrieverarbeitung muß es jedoch möglich sein, den Datenaustausch zwischen der systemeigenen Geometriedatenbank und der aktuellen Verarbeitungsphase durchzuführen. Die obengenannte Lösung ist deshalb so zu erweitern, daß der Datenverkehr sowohl zwischen temporären als auch permanenten Datenspeichern ausgeführt werden kann. Unterscheidet sich die Informationsdarstellung auf der permanenten Datei von der im System eingesetzten (Bild 5-6), dann ist eine Datenstrukturanpassung und ein geänderter Algorithmus zur Informationsübernahme anzusprechen. Da im vorliegenden Fall die Informationen auf der systemeigenen Datenbank von dem hier entwickelten System erstellt werden, ist eine Anpassung nicht erforderlich. Für eine Kopplung mit Systemen anderer Betriebsbereiche (z.B. Konstruktion) über die Datenbank soll jedoch kurz das Prinzip der Datenanpassung dargestellt werden.

Erforderliche Strukturanpassungen bzw. -umwandlungen bei einer
Informationsübernahme von der Geometriedatenbank erfolgen im
Datenverwaltungsprogramm. Die Anpassung wird so durchgeführt,
daß mit der Anforderung der Datei Angaben zu einer entsprechen-
den Strukturanpassung zu machen sind. Diese aktivieren den not-
wendigen Übernahme- und Anpassungsalgorithmus, der je nach
Aufbau und Inhalt der vorhandenen Geometriedatenbank anwender-
spezifisch ist. Hauptsächliche Anforderung stellt dabei der
Datenaufbau in dem hier dargestellten System, die bei einer
Strukturanpassung als sog. Zielstruktur definiert wird.

Ausgehend von den Datenstrukturen der modularen EXAPT-Systeme
werden im Gesamtsystem alle Daten in Datenrekords (Bild 5-6)

Nr.	Kennungs-Feld	Integer-Feld	Real-Feld
1	LNGVRE	LNGARE	RENAM(1)
2		RENR	RENAM(2)
3		RETP	AWKEN(1)
4	HWAD	SUTP	AWKEN(2)
5		AWNR	
6			
7			
8			
48			
49			
50			

LNGVRE ... Länge des Vorgängerrekords   RENR ... Rekordnummer
LNGARE ... Länge des aktuellen Rekords   RETP ... Rekordtyp
HWAD ... Hauptwortadresse   SUTP ... Untertyp
AWNR ... Anweisungsnummer   AWKEN(1,2) ... Anweisungskennung
RENAM(1,2) ... Rekordname

Nr. 1..5   Rekordkopf (Identifikationsteil)
Nr. 6..50 Rekordrumpf (dokumentierende Daten)

Bild 5-6:   Datenrekord im integrierten NC-Programmiersystem

zusammengefaßt. Entsprechend dem höheren Datenverwaltungsaufwand bei modularen Systemen hat ein Datenrekord neben den dokumentierenden Daten (Rekordrumpf) einen umfangreichen Identifikationsteil (Rekordkopf). In ihm werden der logische Inhalt, der aktuelle Verarbeitungsstand und der Bezug zur Teileprogrammanweisung dargestellt. Aufgrund dieses Prinzips erzeugt jede für die Teileprogrammverarbeitung relevante Anweisung einen Rekord. Daraus ergibt sich für eine bereichsüberschreitende Informationsverarbeitung die Anpassung an diese Verarbeitungseigenschaft.

5.3 <u>Zentrale Teileprogramminterpretation</u>

Das in Kap.4.5.1 aufgezeigte Verfahren zum Einlesen sowie Analysieren von Teileprogrammanweisungen und der darin definierten Sprachaussagen wird zum Aufbau eines zentralen Interpretationsprogramm verwendet. Die dementsprechend notwendige Sprachworttabelle hat im vorliegenden Fall einen Vorrat von 463 Worte. In ihr sind alle Sprachworte der Basissysteme enthalten. Je nach Systemerweiterung und Aufnahme zusätzlicher Sprachaussagen kann diese Tabelle erweitert werden.

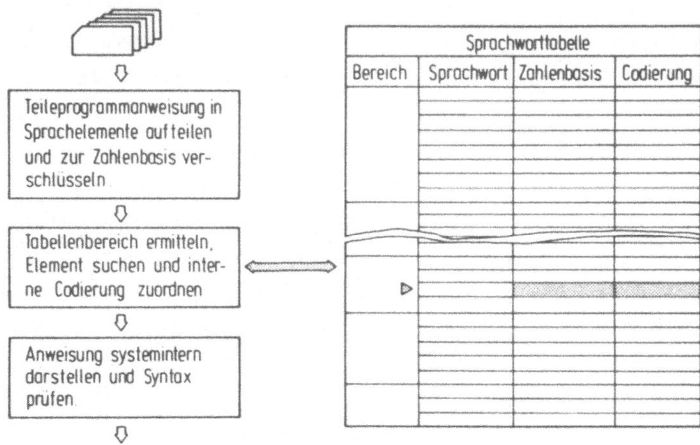

Bild 5-7: Ablauf des Intepretationsalgorithmus

Im Interpretationsalgorithmus werden demnach die Anweisungen
nacheinander eingelesen und in einzelne Sprachelemente zerlegt
(Bild 5-7). Für eine Identifikation sind diese zur Zahlenbasis
zu verschlüsseln. Zur einfacheren Datenhandhabung im System
werden diese "Schlüssel", die je nach Sprachaussage eine Zahl
mit max.11 Stellen darstellen, in der Sprachworttabelle durch
eine interne Codierung (max.4 Stellen) ersetzt. Die vollständige Anweisung wird für die nachfolgende Syntaxprüfung in einem internen Format aufgebaut.

5.3.1 Verarbeitung von Geometrieinformationen aus einer per-
manenten Datei

Die in Bild 4-15 aufgezeigte Nutzung geometrischer Informationen aus permanenten Dateien erfordert während der Teileprogramminterpretation und -verarbeitung den Zugriff auf zwei unterschiedliche Informationsquellen (Teileprogramm und Datei).
Das Teileprogramm enthält bei dieser Systemanwendung nur einen
"Rest" der, für die Fertigungs- oder Meßaufgabe erforderlichen
Informationen. Es wird deshalb in dieser Arbeit als sog. Restteileprogramm bezeichnet.

Für die Verarbeitungsphase ist Voraussetzung, daß ein Bezug
zwischen der Technologie und Geometrie der Systemaufgabe hergestellt werden kann. Zusätzlich ist sicherzustellen, daß bei
der Interpretation der Inhalt der Datei bekannt und somit ein
formal richtiger Zusammenhang der Anweisungen abzuleiten ist.

Aufgrund der genannten Anforderungen muß die Informationsübernahme von der permanenten Datei vor der Interpretation des
Restteileprogramms erfolgen. Damit ist gewährleistet, daß die
einzelnen Geometrieelemente mit ihren Identifikationsmerkmalen
(Symbolnamen) für die genannte Interpretation und Syntaxprüfung
bekannt sind.

Analog zu der rechnerinternen Darstellung der Sprachaussagen
mit der internen Codierung sind die Symbolnamen für den Verar-

beitungsablauf in einer einfach zu handhabenden Form aufzubauen. Die interne Symbolverwaltung ordnet deshalb jedem Symbolnamen einen internen Index zu und speichert diesen auf der Symboldatei D_{tS}.

Entsprechend diesem Verfahren müssen die einzelnen Elemente von der permanenten Datei mit dem Einlesen in die Symbolverwaltung aufgenommen werden (Bild 5-8). Dazu liest das Datenverwaltungsprogramm auf Anforderung die Geometriedaten rekordweise ein. Jedem Rekord wird dann eine aktuelle Adresse im Verarbeitungsablauf und dem Elementnamen ein interner Index in der Symbolverwaltung zugeordnet.

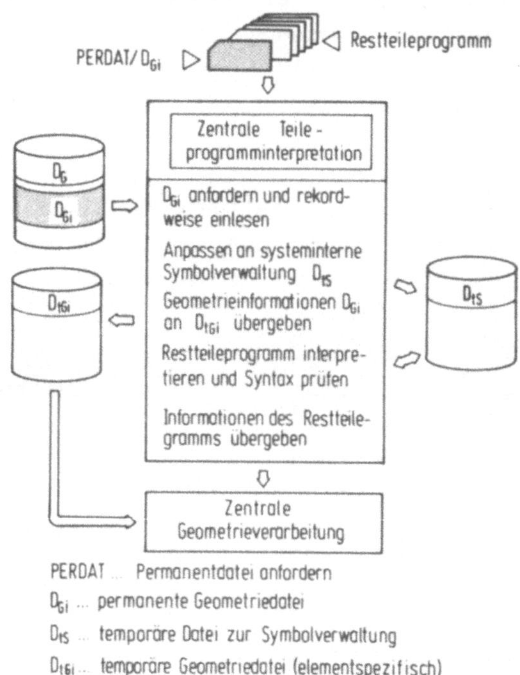

Bild 5-8:   Teileprogramminterpretation bei Restteileprogramm und Geometriedaten von permanenten Dateien

Die Übergabe der Geometrieinformationen an die temporäre Datei D_{tGi} stellt für die aktuelle Verarbeitungsphase die Geometriedaten bereit. Danach wird das Restteileprogramm interpretiert und geprüft, wobei auf geometrische Elemente über die genannten Symbolnamen Bezug genommen wird.

5.3.2 Zentrale Syntaxprüfung

Ausgehend von den in Kap.4.5.2.2 analysierten Möglichkeiten und den, in den ausgewählten Basissystemen vorhandenen Lösungen zur Behandlung von Syntaxprüfungen wird für den Aufbau eines zentralen Prüfungsprogramms ein Verfahren herangezogen, das alle formal richtigen Anweisungen im System abbildet. Die Menge dieser Abbildungen definiert die Syntaxmatrix SM, die analog zu dem in [24] gezeigten Prinzip aufgebaut und in Bild 5-9 dargestellt ist.

Wesentliche Vorteile einer Abbildung der Anweisungen in einer Matrix ergeben sich dadurch, daß nur die Anweisungsnebenteile vollständig abzubilden sind. Die Hauptteile werden am Anfang

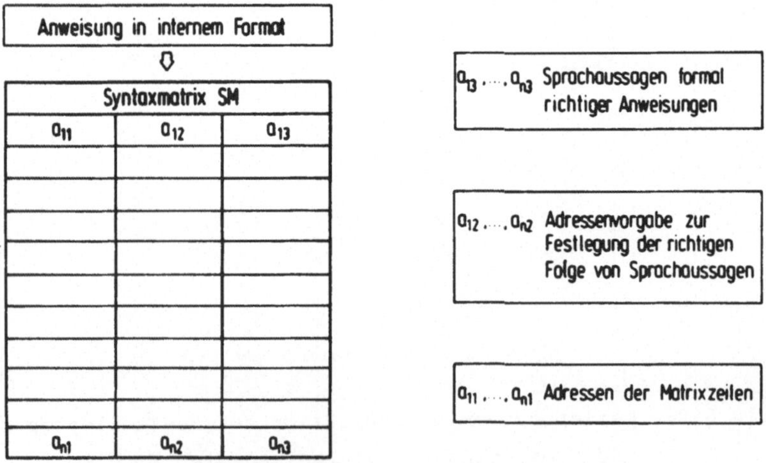

Bild 5-9: Prinzipieller Aufbau der Syntaxmatrix SM

der Matrix für alle nachfolgenden Anweisungsabbildungen allgemeingültig zusammengefasst. Mit einem gesteuerten Ablauf des Prüfungsalgorithmus durch die Matrix werden dann die formal richtigen Anweisungen erzeugt und mit den, aus dem Teileprogramm zu prüfenden verglichen. Nachstehend wird der Aufbau der Matrix kurz aufgezeigt.

Alle zulässigen Sprachaussagen sind in der Abbildungsspalte a_{i3} dargestellt. Die formal richtigen Anweisungen werden wie vorgenannt durch einen gesteuerten Ablauf festgelegt. Voraussetzung ist die Angabe der Adressen der nächstfolgenden Sprachaussage in der Adressenvorgabespalte a_{i2}. Die Adressen der Sprachaussagen innerhalb der Matrix sind in der Adressenspalte a_{i1} eingetragen. Bild 5-10 zeigt beispielhaft die Abbildung

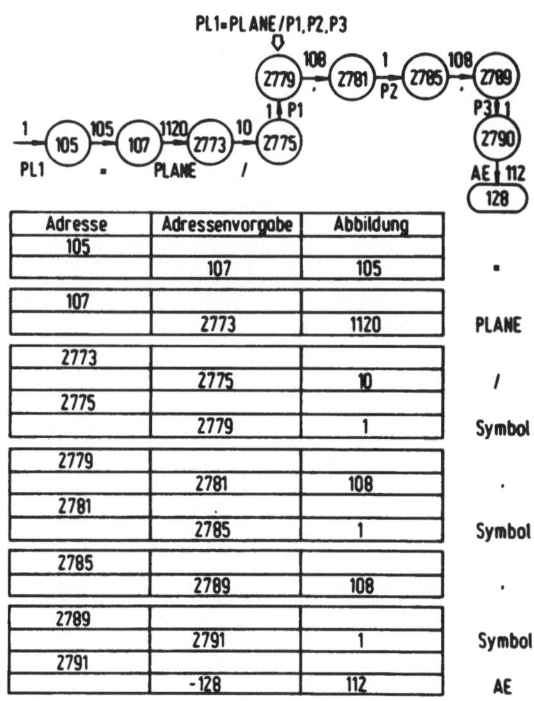

Adresse	Adressenvorgabe	Abbildung	
105			
	107	105	.
107			
	2773	1120	PLANE
2773			
	2775	10	/
2775			
	2779	1	Symbol
2779			
	2781	108	.
2781			
	2785	1	Symbol
2785			
	2789	108	.
2789			
	2791	1	Symbol
2791			
	-128	112	AE

Bild 5-10: Beispiel der Syntaxprüfung einer Ebenen-Anweisung

einer Ebenen-Anweisung in der Syntaxmatrix und die Steuerung
des Prüfungsalgorithmus über die Adressen und Adressenvorgabe
der Sprachaussagen.

Durch die in den Programmiervorschriften festgelegte Reihen-
folge der Sprachelemente in einer Anweisung wird die Anzahl
möglicher Anweisungen relativ begrenzt. Trotzdem wird eine
programmtechnische Realisierung zur zentralen Syntaxprüfung
aufgrund der Vielzahl der Anweisungsmöglichkeiten umfangreich
und speicherintensiv. Im vorliegenden Fall enthält die Syntaxmatrix 3706 Zeilen.

Zur Definition und Verarbeitung von Teileprogrammanweisungen
sind für eine gegenseitige Abgrenzung der Sprachaussagen Kommas
erforderlich. Bei 1 Sprachaussagen im Anweisungsnebenteil sind
demnach 1-1 Kommas bei einer formal richtigen Anweisung vorhanden (Bild 5-11). Im Hinblick auf eine Reduzierung des erforderlichen Speicherplatzes und Umfangs der Matrix ist ein getrenn-
tes Verfahren zur Prüfung der Sonderzeichen, die Sprachaussa-

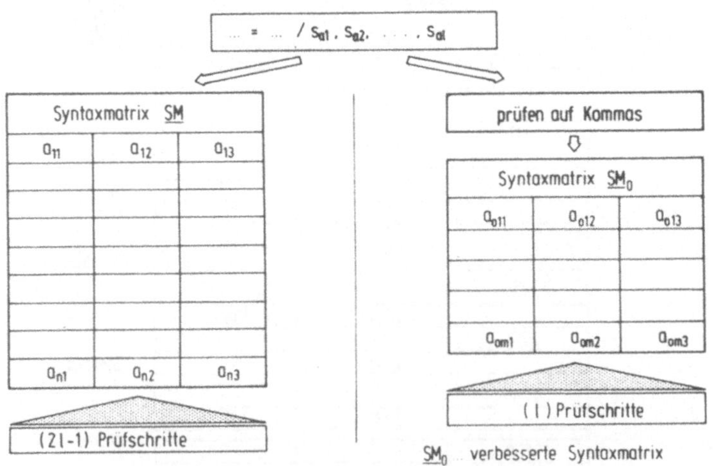

Bild 5-11: Vergleich der Prüfschritte bei unterschiedlichen
            Verfahren zur Syntaxprüfung

gen gegeneinander abgrenzen, geeignet. Die getrennte Prüfung
von Sonderzeichen und Sprachaussagen mit den genannten Merk-
malen ergibt bei den für das System relevanten Anweisungen
eine Reduzierung der Prüfschritte zwischen 34% und 48%.

5.3.2.1 Interne Symbolindizierung bei meßtechnischen Teile-programmanweisungen

Bauen die bisher gezeigten Prüfungsverfahren auf bekannte und
bisher eingesetzte programmtechnische Lösungen auf, so ist aufgrund der Integration des NCMES-Systems eine meßaufgabenspezi-
fische Erweiterung der internen Symbolverwaltung erforderlich.

Das heute übliche Prinzip des Meßvorganges auf numerisch gesteuerten Meßmaschinen (Bild 4-10) mit dem daraus abzuleitenden
Aufbau von Teileprogrammanweisungen zur Programmierung der Meß-
werterfassung erfordert die Kennzeichnung von einzelnen Meßpunkten auf dem zu messenden geometrischen Element [16]. Je
nach Meßaufgabe ist dabei eine relativ große Zahl von Meßpunkten zu definieren. Um eine hohen Aufwand bei der Teileprogramm-
erstellung zu vermeiden, wird bei diesen Anweisungen die Zahl

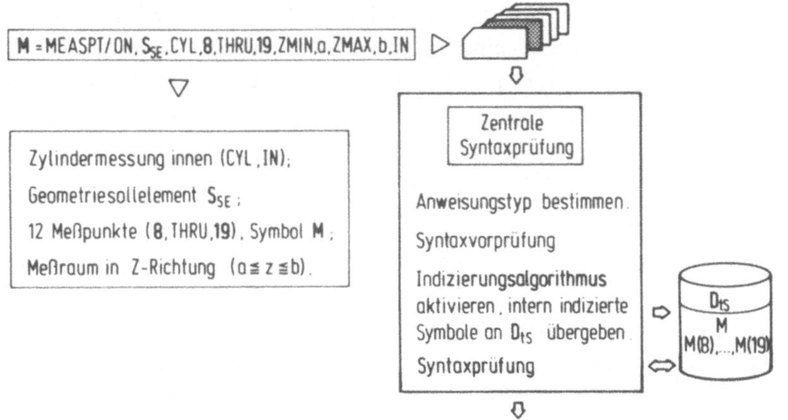

Bild 5-12: Interne Symbolindizierung bei meßtechnischen Teileprogrammanweisungen

der Meßpunkte im Anweisungsnebenteil festgelegt (Bild 5-12).
Die im Verarbeitungsablauf und im Teileprogramm nachfolgende
Meßpunktverknüpfung bedingt, daß auf einzelne so definier-
te Punkte Bezug genommen werden kann. Es muß deshalb ein Indi-
zierungsalgorithmus in der zentralen Syntaxprüfung aus dem Anweisungsnebenteil bei meßtechnischen Anweisungen intern das
vorstehende Symbol entsprechend der definierten Anzahl von
Meßpunkten indizieren. Mit den internen Indizes werden diese
Symbole in die Verwaltung und Prüfungsverfahren einbezogen.

5.4 Zentraler Systemteil zur Geometrieverarbeitung

Der Aufbau einer zentralen Geometrieverarbeitung und die damit
zu verbindenden Definitionen für geometrische Elemente erfor-
dern nach der in Kap.4.5.3 dargestellten Konzeption eine für
alle Basissysteme gültige Verarbeitung und Darstellung von
Basisgeometrieelementen und Konturbereichen. Da der Funktionsbaustein zur Konturverarbeitung für die Entwicklung des Gesamtsystems keiner Änderung bedarf, werden im folgenden die Moduln
zur 2D- und 3D-Geometrieverarbeitung aufgebaut. Dabei ist die
vorhandene Lösung für die Verarbeitung und Darstellung der
2D-Elemente dem neu aufzubauenden Modul zur 3D-Geometriever-
arbeitung anzupassen und entsprechend zu erweitern. Die Realisierung der Verarbeitungsprogramme bzw. des daraus resultierenden Informationsflusses setzt die Beschreibungformen und
rechnerinterne Darstellung der Basisgeometrieelemente voraus.

5.4.1 Basisgeometrieelemente und ihre Beschreibungsformen

Überträgt man die in den Basissystemen vorhandenen Beschrei-
bungs- und Definitionsformen geometrischer Einzelelemente in
das Gesamtsystem dann sind für die zentrale Geometrieverarbeitung die in Bild 5-13 dargestellten Basisgeometrieelemente
festzulegen. Neben dem geometrischen Sachverhalt ist als Bei-

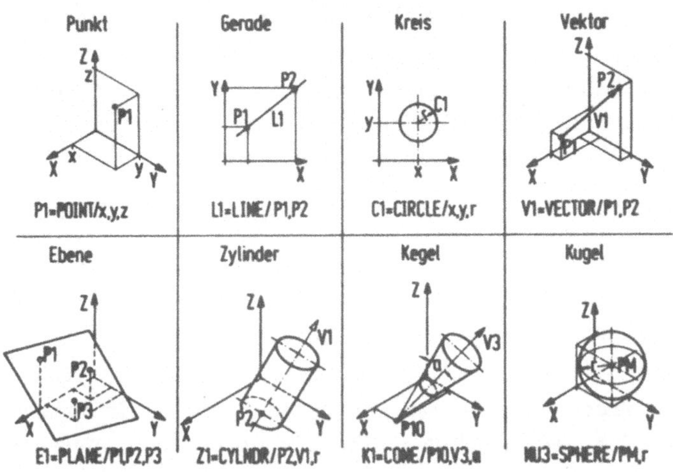

Bild 5-13:　Basisgeometrieelemente im integrierten NC-Programmiersystem [31]

spiel je eine Anweisung zur Elementdefinition aufgeführt. Gemäß der Anforderung an die Beschreibungsform, 2- und 3-dimensionale Elemente definieren zu können, werden die Basisgeometrien in 2D- (Punkt, Gerade, Kreis) und 3D-Elemente (Vektor, Ebene, Kreiszylinder, Kegel und Kugel) unterteilt. Dieses Beschreibungs- und das darauf aufbauende Verarbeitungsprinzip sind im Einsatz sehr flexibel und stellen für alle Basissysteme die erforderlichen Geometriedaten bereit.

Wie Bild 5-13 zeigt, werden die Geometrieelemente in einem ortsfesten Koordinatensystem (Werkstückkoordinatensystem) dargestellt. Je nach Fertigungs- oder Meßaufgabe vereinfacht sich die Beschreibung der Geometrien, wenn diese in einem Referenzkoordinatensystem definiert und während dem Verarbeitungslauf in das Werkstückkoordinatensystem transformiert werden können. Deshalb und aufgrund der Einführung von 3D-Elementen zur Meßaufgabenbeschreibung sind Anweisungen und Verarbeitungsalgorithmen vorzusehen, die neben einer ebenen Transformation

(Drehung um die Z-Achse des Werkstückkoordinatensystems) eine
räumliche Transformation (Drehung um alle Koordinatenachsen)
definieren. In beiden Fällen kann zusätzlich eine Verschiebung
in allen Koordinatenachsen angegeben werden. Mit der räumlichen Transformation sind auch die Voraussetzungen für den
Aufbau von Konturen und Körpern mit beliebiger Lage im Raum
geschaffen [33].

Im Hinblick auf die aus den Systemaufgaben resultierenden
Anforderungen an eine zentrale Geometrieverarbeitung und zur
Gewährleistung einer einheitlichen Datenstruktur müssen die
2D-Elemente (Gerade, Kreis) systemintern als 3D-Elemente aufgebaut werden. Mit der Zuordnung zu einer Definitionsebene werden diese Elemente in Übereinstimmung mit den 3D-Beschreibungs-
formen als orthogonale Ebenen bzw. Kreiszylinder zur jeweiligen
Bezugsebene (Definitionsebene) berechnet. Für die angeführten
Erweiterungen der Geometrieverarbeitung sowie zur Aufbereitung
von Konturen und für die Zuordnung der geometrischen Aussagen
zu den technologischen Vereinbarungen sind die 2D-Geometrie-
elemente rechnerintern sowohl in 2D- als auch 3D-Darstellungen
abzuspeichern.

5.4.2   Rechnerinterne Darstellung der Basisgeometrieelemente

Mit der Existenz von Beschreibungsformen für Geometrieelemente
zur Festlegung der Eingabeschnittstellen in die zentrale Geometrieverarbeitung sind die rechnerinternen Darstellungen der
Elemente zu vereinbaren. Diese definieren die Ausgabeschnitt-
stellen der unterschiedlichen Geometrieverarbeitungsphasen.

Bild 5-14 zeigt die systemspezifischen Grundformen der Basisgeometrieelemente. Punkt, Gerade und Kreis sind sowohl in einer
2D- als auch 3D-Grundform aufgeführt. Analog zu den in Bild 5-6
festgelegten Datenstrukturen werden diese Informationen in einem elementspezifischen Geometrierekord dargestellt. Im Rekord-

	Element	Elementdaten	
2D-Darstellung	Punkt	X Y Z	karthesische Koordinaten.
	Gerade	$n_1 n_2\ p$	Koeffizienten der Geradengleichung in HNF $n_1 x + n_2 y - p = 0$.
	Kreis	X Y Z r	Mittelpunktskoordinaten, Radius.
3D-Darstellung	Punkt	X Y Z	wie 2D-Darstellung.
	Gerade	$n_1 n_2 n_3 p$	Koeffizienten der Ebenengleichung in HNF $n_1 x + n_2 y + n_3 z - p = 0$.
	Kreis	X Y Z i j k r	Mittelpunktskoordinaten, Achseinheitsvektor, Radius.
	Vektor	i j k	Richtungskomponenten (Einheitsvektor).
	Ebene	$n_1 n_2 n_3 p$	Koeffizienten der Ebenengleichung in HNF $n_1 x + n_2 y + n_3 z - p = 0$.
	Kreiszylinder	X Y Z i j k r	Achspunktkoordinaten, Achseinheitsvektor, Radius.
	Kugel	X Y Z r	Mittelpunktskoordinaten, Radius.
	Kegel	X Y Z i j k cα	Achspunktkoordinaten, Achseinheitsvektor, Kosinus des halben Scheitelöffnungswinkels α.

Bild 5-14: Systemspezifische Grundformen der Basisgeometrieelemente (HNF...Hessesche Normalform)

kopf ist dann neben den organisatorischen Daten der Bezug zur Darstellungsform (2- oder 3-dimensional) anzugeben. Die Bezeichnung der Elemente (Symbolnamen) wird mit den Elementdaten im Rekordrumpf eingetragen.

5.4.3 Phasen zur Verarbeitung und Darstellung geometrischer Basiselemente

Ausgehend von den Anforderungen (Bild 4-11) an die zentrale Geometrieverarbeitung und dem daraus abgeleiteten Konzept ist die Verarbeitung sowie Darstellung der Basisgeometrieelemente funktional nach 2D- und 3D-Elemente zu trennen. Dieser Forderung wird mit zwei Funktionsbausteinen entsprochen, wobei nachstehend der Aufbau des Bausteins zur 3D-Elementverarbeitung erläutert wird und die damit verbundenen Änderungen am Modul zur Verarbeitung von 2D-Elementen aufgezeigt werden.

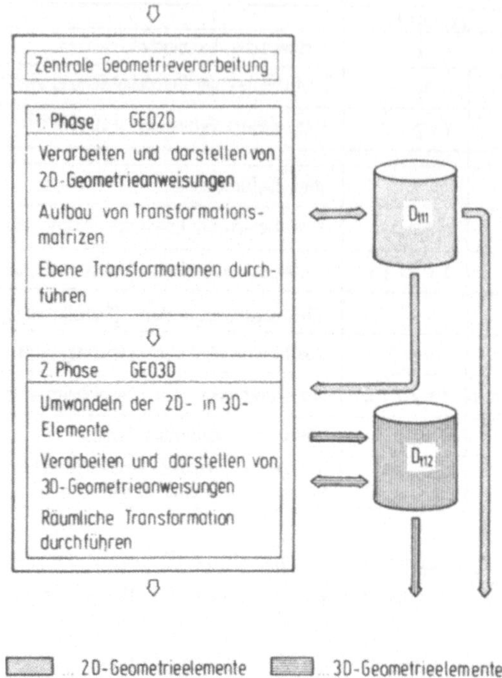

Bild 5-15: Aufbau der zentralen Geometrieverarbeitung bei der Verarbeitung von Basisgeometrieelementen

Für die zentrale Geometrieverarbeitung ergibt sich daraus bei der Verarbeitung der Basisgeometrieelemente der in Bild 5-15 verdeutlichte Aufbau und Informationsfluß.

Der für alle Systemanwendungen gültige Funktionsbaustein GEO2D verarbeitet die Anweisungen zur Punkt-, Geraden- und Kreisdefinition und realisiert in der Geometrieverarbeitung die 1. Phase. Die Ergebnisse werden auf der temporären Datei D_{t11} abgelegt und stehen damit sowohl der internen Umwandlung in 3D-Elemente als auch der Aufbereitung von Konturen und der Technologieverarbeitung über den genannten Zwischenspeicher zur Verfügung.

Die 2. Phase in der Geometrieverarbeitung dient zum Aufbau von 3D-Elementen und ist im Funktionsbaustein GEO3D realisiert. Zur Gewährleistung einer übersichtlichen, teilaufgabenbezogenen und flexiblen Struktur ist dieser Modul in aufgabenspezifische Programmbausteine unterteilt (Bild 5-16).

Aufgrund der gewählten Datenstruktur (Bild 5-6) übernehmen zwei übergeordnete Programmbausteine (SUCH3, OUT3) die Informationsübergabe und -übernahme für alle Verarbeitungsaufgaben im Funktionsbaustein. Zur Sicherstellung einer folgerichtigen Verarbeitung steuert ein modulinternes Verwaltungsprogramm (GEO3D) den Verarbeitungsablauf. Dieser beginnt mit der Übernahme der 2D-Elemente von D_{t11} , deren Umwandlung in 3D-Elemente und der Übergabe der entsprechenden Rekords auf D_{t12}. Zur Verarbeitung der 3D-Anweisungen des Teileprogramms werden die elementspezifischen Programmbausteine mit der Rekordübernahme von $D_{tü}$ vom Verwaltungsprogramm aufgerufen. Nach der Verabeitung werden die Ergebnisse ebenfalls auf D_{t12} übergeben. Demnach liegen alle Basisgeometrieelemente nach dieser Verarbei-

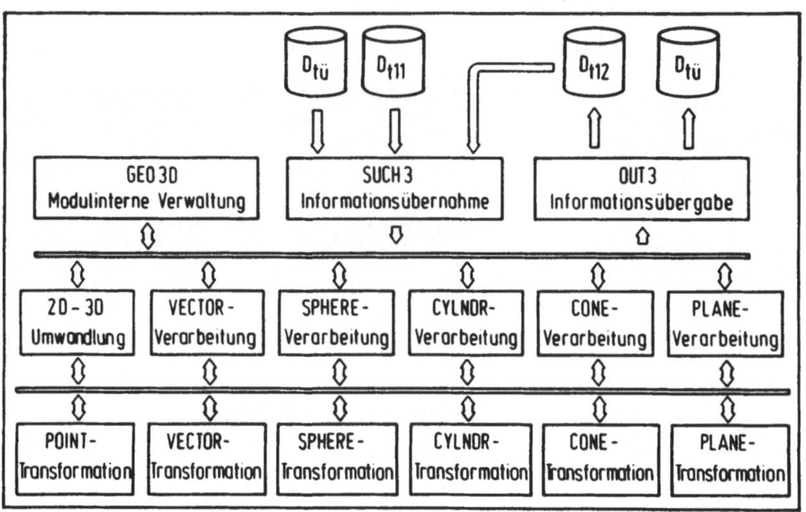

Bild 5-16:   Struktur der 3D-Geometrieverarbeitungsphase

tungsphase in 3D-Darstellung auf D_{t12}. Auf diese Datei kann
wie auf D_{t11} von allen nachfolgenden Systemteilen zur Techno-
logiezuordnung zugegriffen werden.

5.4.4   Verarbeitung von Matrixdefinitionen und die Transformationsdurchführung

Neben der Verarbeitung von Teileprogrammanweisungen zur Definition der Basisgeometrieelemente nimmt die Aufbereitung von
Matrixanweisungen und die Transformation geometrischer Elemente
eine wesentliche Stellung in der zentralen Geometrieverarbeitung ein. Die Vorteile und Notwendigkeit der Einführung von
Referenzkoordinatensystemen sind aus Kap.5.4.1 bekannt. Es ist
dabei zu berücksichtigen, daß aufgrund der zweigeteilten Geometrieverarbeitung von Basiselementen und der Möglichkeiten
einer ebenen und räumlichen Transformation, mit der Bereitstellung der Transformationsmatrix $\underline{T}$ eine geeignete Organisation und Überwachung der Transformationsdurchführung erforderlich ist.

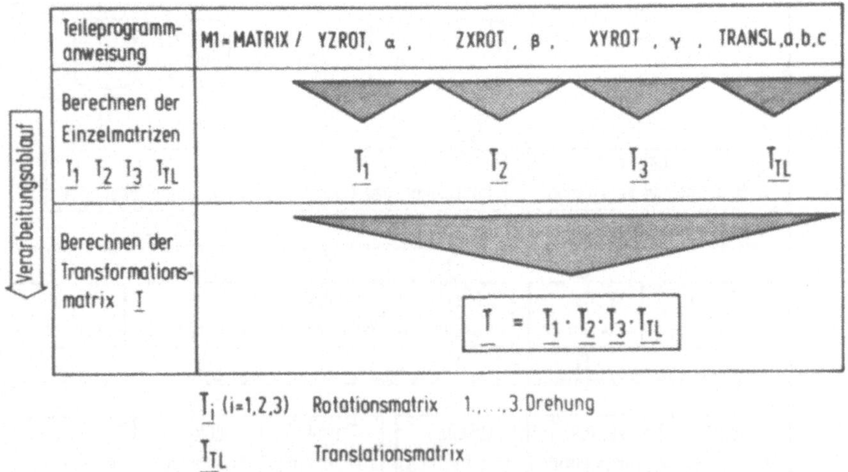

$\underline{T}_i$ (i=1,2,3)   Rotationsmatrix   1.,....3.Drehung

$\underline{T}_{TL}$ Translationsmatrix

Bild 5-17:   Verarbeitungsschritte zur Berechnung der Transformationsmatrix $\underline{T}$

Ausgehend von der Anweisung zur Definition der Transformationsmatrix wird diese nach den im Bild 5-17 gezeigten Verarbei-
tungsschritten in der 1.Phase der Geoemtrieverarbeitung berechnet und in einem spezifischen Rekord auf D_{t11} übergeben.
Für die nachfolgende Transformationsdurchführung und den Aufbau
von Organsiationskriterien ist die Art der Transformation zu
bestimmen.

5.4.4.1 Ebene Transformation und ihre Durchführung

Eine ebene Transformation liegt vor, wenn im Anweisungsnebenteil nur eine Drehung um die Z-Achse des Werkstückkoordinatensystems definiert ist (XYROT). Die Transformationsmatrix $\underline{T}$ wird
dann aus der Rotationsmatrix $\underline{T}_1$ und der Translationsmatrix $\underline{T}_{TL}$
berechnet. Da bei bestimmten Systemanwendungen (Bild 4-11) nur
2D-Elemente erforderlich sind und verarbeitet werden, ist eine
ebene Transformation dieser Elemente im Modul GEO2D durchzuführen. Vor der Informationsübergabe auf D_{t11} transformieren
elementspezifische Programmbausteine bei Erkennen eines aktuellen Transformationsbereichs die Elemente.

5.4.4.2 Räumliche Transformation und ihre Durchführung

Mit der Forderung, die ausgewählten Basissysteme so zu integrieren, daß aufwendige Änderungen an den Verarbeitungsprogrammen und Funktionsbausteinen nicht erforderlich sind, muß das
genannte Verarbeitungsprinzip der ebenen Transformation bei
einer räumlichen geändert werden.

Die räumliche Transformation von Gerade und Kreis benötigt zu
der 2-dimensionalen, rechnerinternen Darstellung (Bild 5-14)
zusätzlich die vektorielle Angabe der Defintionsebene. Diese
Erweiterung führt zu den 3-dimensionalen Darstellungsformen
beider Elemente, die identisch mit denen der Ebene und des Kreis-

zylinders sind. Eine räumliche Transformation der 2D-Elemente
kann somit erst in der 2.Phase der Geometrieverarbeitung erfolgen, was Einschränkungen hinsichtlich der Verknüpfung der
genannten Elemente bei der Definition im Teileprogramm erfordert. Diese Programmiervorschriften sind dann im System zu
überwachen (Kap.5.4.4.3).

Für eine folgerichtige Verarbeitung und Transformation der 2D-
Geometrieelemente müssen demnach mit den Geometrierekords die
aktuellen Transformationsbereiche auf D_{t11} übergeben werden.
Damit ist es möglich, mit der internen Umwandlung der 2D-
Elemente eine Transformation durchzuführen. Die 3D-Geometrie-
anweisungen im Teileprogramm werden bei der Übernahme von $D_{t\ddot{u}}$

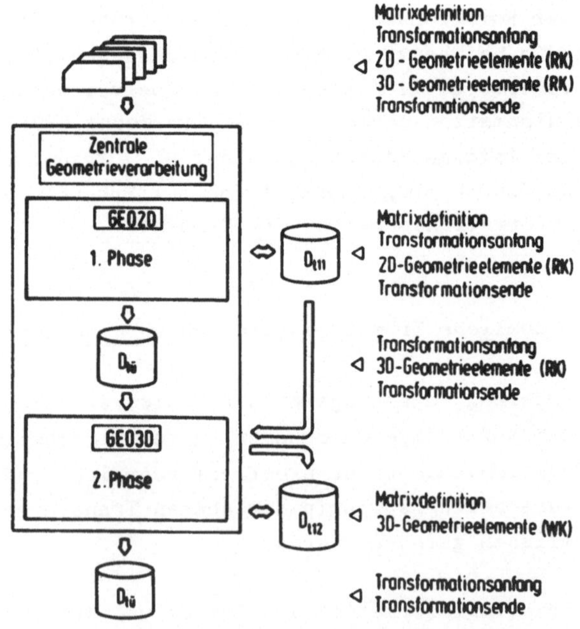

Bild 5-18: Informationsfluß bei der räumlichen Transformation von 2D- und 3D-Geometrieelementen

erkannt und bei der Verarbeitung in der 2.Phase transformiert.
Bild 5-16 zeigt die in der 3D-Geometrieverarbeitungsphase
vorhandenen, elementspezifischen Transformationsprogramme. Nach
der Verarbeitung im Funktionsbaustein GEO3D sind demnach alle
Basisgeometrieelemente auf D_{t12} 3-dimensional und in Werkstück-
koordinaten dargestellt. Der Ablauf des Verarbeitungsprinzips
und des daraus resultierenden Informationsflusses ist in Bild
5-18 aufgezeigt.

5.4.4.3   <u>Überwachung der Elementverknüpfung bei einer räum-</u>
<u>lichen Transformation</u>

Aufgrund der Durchführung einer räumlichen Transformation in der
2.Phase der Verarbeitung geometrischer Basiselemente entstehen
bei der Verknüpfung von 2D-Elementen, die in unterschiedlichen,
räumlichen Transformationsbereichen definiert wurden, für den
Verarbeitungsablauf falsche Ergebnisse, da die Verknüpfung
in der 1. Phase der Geometrieverarbeitung berechnet wird.

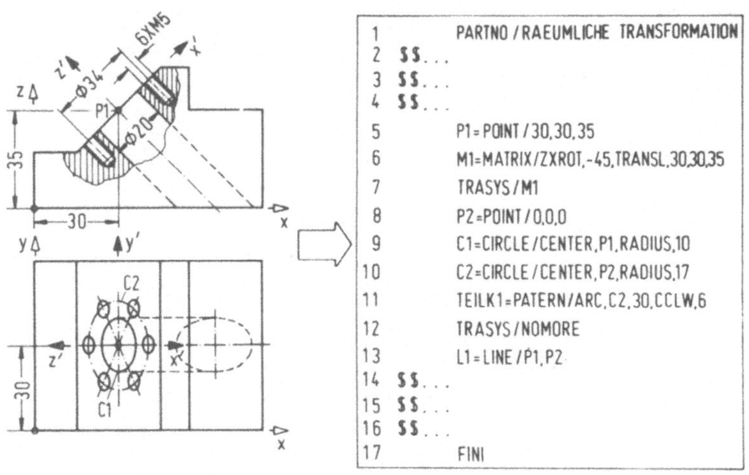

1		PARTNO / RAEUMLICHE TRANSFORMATION
2	SS...	
3	SS...	
4	SS...	
5		P1=POINT/30,30,35
6		M1=MATRIX/ZXROT,-45,TRANSL,30,30,35
7		TRASYS/M1
8		P2=POINT/0,0,0
9		C1=CIRCLE/CENTER,P1,RADIUS,10
10		C2=CIRCLE/CENTER,P2,RADIUS,17
11		TEILK1=PATERN/ARC,C2,30,CCLW,6
12		TRASYS/NOMORE
13		L1=LINE/P1,P2
14	SS...	
15	SS...	
16	SS...	
17		FINI

Bild 5-19:   Beispiel einer räumlichen Transformation und uner-
laubten Elementverknüpfung

Bild 5-19 zeigt das Beispiel einer räumlichen Transformation
bei der Aufgabenbeschreibung im Teileprogramm und uner-
laubte Elementverknüpfungen zur Erklärung der genannten Aussagen. Die Elemente P2, C1, C2 und TEILK1 werden innerhalb eines
Transformationsbereiches in einer X'Y'-Ebene definiert. Zur
Beschreibung des Kreises C1 wird auf den Punkt P1 Bezug genommen. Da bei der Verarbeitung in der 1. Phase nicht transformiert
wird, werden zur Verknüpfung falsche Koordinatenwerte verwendet. Es sind deshalb die Verknüpfungsmöglichkeiten bei der Beschreibung im Teileprogramm so einzuschränken, daß die 2D-Ele-
mente bei einer räumlichen Transformation nur innerhalb glei-
cher Referenzkoordinatensysteme verknüpft werden können.

In der zentralen Geometrieverarbeitungsphase sind deshalb Kon-
trollalgorithmen zur Überwachung der Verknüpfungsvorschriften
aufzubauen. Geeignete Grundlage zur Überwachung sind die Adressen der einzelnen Rekords RENR auf dem Datenzwischenspeicher
D_{t11}, da diese Informationen entsprechend ihrer Definitionsrei-
henfolge im Teileprogramm übergeben werden. Zur Bestimmung der

Teileprogramm	Verknüpfungen erlaubt	nicht erlaubt	Adresse auf D_{t11}	TRASYS-Bereich	Anfangs-adresse	End-adresse
PARTNO/				0		
TRASYS/sm1			n			
TRASYS/NOMORE			m	1	n	m
TRASYS/sm2			0	0		
TRASYS/sm3			U	2	0	u
TRASYS/NOMORE			V	3	u	v
FINI				0		

smi(i=1,2,3)..Matrixsymbol   0...Werkstückkoordinatensystem   1,2,3...Referenzkoordinatensysteme

Bild 5-20: Verfahren zur Kontrolle unerlaubter Elementverknüpfungen

Transformationsbereiche werden diese mit ihren Anfangs- und
Endadressen in einer Liste erfasst und darin mit der Bereichs-
kennzeichnung (Nummer) verwaltet. Über die Bereichsadressen
wird bei einer vorgegebenen Elementverknüpfung deren Gültig-
keit überprüft. Bild 5-20 zeigt sowohl den prinzipiellen Aufbau des Kontrollverfahrens als auch die erlaubten bzw. nicht-
erlaubten Elementverknüpfungen.

Ausgehend von dem in Bild 5-19 dargestellten Teileprogrammaus-
schnitt ist in Bild 5-21 die Systemantwort auf die unerlaubten
Elementverknüpfungen aufgezeigt. Aus der 1. Phase der Geometrieverarbeitung werden dabei die Fehler 211 und 212 gemeldet, die
durch eine Verknüpfung der Elemente P1 und P2 hervorgerufen
werden. Neben der Fehlerart, die der Benutzer über eine ihm
vorliegende Liste und der gemeldeten Fehlernummer bestimmen
kann, wird der Fehlerort innerhalb des Systems (Routine FETCH)
festgestellt und aufgelistet. Um das obengenannte Überwachungs-
prinzip zu verdeutlichen, sind jeweils die Adressen der Ver-
knüpfungselemente RENR und die Anfangs- und Endadressen ANFADR,
ENDADR der Transformationsbereiche dargestellt. Über die Kennzeichnung der Anweisungsnummer AWNR und der Elementbezeichnung
(Symbolname) kann der Bezug zum Teileprogramm hergestellt werden.

5.5 Informationsübergabe der Geometrieverarbeitungsergebnisse an die Geometriedatenbank

Die Übergabe von Geometrieinformationen einer aktuellen Verarbeitungsphase an eine permanente Datei erlaubt eine abgeschlossene, integrierte Informationsverarbeitung bei der NC-Programmierung. Mit den zukünftigen Entwicklungen einer informationsschlüssigen Verknüpfung der Produktionsbereiche untereinander
wird die genannte Informationsübergabe jedoch an Bedeutung ver-
lieren. Der im folgenden kurz beschriebene Vorgang zur Abspeicherung von Geometriedaten dient deshalb im wesentlichen zum

```
**********      EINGAB --- MODUL  1 --- VERSION 78/09      **********
1               PARTNO/ RAEUMLICHE TRANSFORMATION
2           $$ ...
3           $$ ...
4           $$ ...
5               P1=POINT/30,30,35
6               M1=MATRIX/ZXROT,-45,TRANSL,30,30,35
7   Error 211   TRASYS/M1
8               P2=POINT/0,0,0
9               C1=CIRCLE/CENTER,P1,RADIUS,10
10              C2=CIRCLE/CENTER,P2,RADIUS,17          Error 212
11              TEILK1=PATERN/ARC,C2,30,CCLW,6
12              TRASYS/NOMORE
13              L1=LINE/P1,P2
14          $$ ...
15          $$ ...
16          $$ ...
17              FINI

ELAPSED TIME        MODUL            TOTAL
        CP          .257  SEC         .273  SEC
        IO         7.707  SEC        8.208  SEC

**********       GEO2D --- MODUL  2 --- VERSION 78/09      **********
*** AWNR :   5 ELEMENT : P1
*** AWNR :   6 ELEMENT : M1
*** AWNR :   7 ELEMENT :
*** AWNR :   8 ELEMENT : P2
*** AWNR :   9 ELEMENT : C1

            *** VERKNUEPFUNGSELEMENT : SUTP =P1     RENR =    1

--- ERROR --- NO=  211  CC= 12  CARDNO=    9  MODULE=PLCDEF     ROUTINE=FETCH
*** AWNR :  10 ELEMENT : C2

            *** VERKNUEPFUNGSELEMENT : SUTP =P2     RENR =    4

            *** TRASYS-BEREICH : NR =  1  ANFADR =   3  ENDADR =   0
            *** 0_ OFFENER TRASYSBEREICH

*** AWNR :  11 ELEMENT : TEILK1

            *** VERKNUEPFUNGSELEMENT : SUTP =C2     RENR =    6

            *** TRASYS-BEREICH : NR =  1  ANFADR =   3  ENDADR =   0
            *** 0_ OFFENER TRASYSBEREICH

*** AWNR :  12 ELEMENT :

            *** TRASYS-BEREICH : NR =  1  ANFADR =   3  ENDADR =   8

*** AWNR :  13 ELEMENT : L1

            *** VERKNUEPFUNGSELEMENT : SUTP =P1     RENR =    1

            *** TRASYS-BEREICH : NR =  1  ANFADR =   3  ENDADR =   8
            *** 0_ OFFENER TRASYSBEREICH

            *** VERKNUEPFUNGSELEMENT : SUTP =P2   . RENR =    4

            *** TRASYS-BEREICH : NR =  1  ANFADR =   3  ENDADR =   8
            *** 0_ OFFENER TRASYSBEREICH

--- ERROR --- NO=  212  CC= 12  CARDNO=   13  MODULE=PLCDEF     ROUTINE=FETCH
```

Bild 5-21: Beispiel der Systemantwort bei unerlaubter Elementverknüpfung

Funktionsnachweis der zentralen Systemkomponenten. Im Vordergrund steht dabei nicht das Verfahren zur permanenten Daten-
speicherung, sondern die Erstellung geeigneter organisatori-
scher Hilfsmittel für nachfolgende Dateizugriffe.

Ausgehend von einem Systemkommando werden nach der Verarbeitung sämtlicher Geometrieanweisungen die angeforderte Geometrierekords von D_{t11} oder D_{t12} zur Abspeicherung bereitgestellt. Eine mit diesem Vorgang parallel erstellte Liste (Bild
5-22) zeigt den Inhalt und Aufbau der Datei. Die rechnerintern
dargestellten Geometrieelemente werden dabei in einem lesbaren
Format aufgebaut, aus dem die Elementtypen, die Symbolnamen,
die Adressen und die Geometriedaten zu entnehmen sind. Werkstück-
bezeichnung, Erstellungsdatum und die Dateinummer innerhalb der
Geometriedatenbank sind die organisatorischen Informationen,

```
**************************************************************************
*                                                                *      *
*                    GEOMETRIEDATEN                              * BLATT  1 *
*                                                                *      *
**************************************************************************
*   DATEI           :      TAPE  20        PARTITION  1         DATUM   12/05/78 *
*                                                                       *
*   DATENURSPRUNG  :      PARTNO /  - PLATTE - 244 101/03               *
*   DATENFORM       :      CANON 20                                     *
**************************************************************************
*                    POINT         X            Y            Z          *
*                    LINE          X            Y            D          *
*                    CIRCLE        X            Y            R          *
*                    PATTERN       X            Y            Z          *
*                    MATRIX        A1           B1           C1      D1  *
*                                  A2           B2           C2      D2  *
*                                  A3           B3           C3      D3  *
*                                  A4           B4           C4      D4  *
*                    POLGON        X            Y            Z          *
**************************************************************************
*RECORD  SYMBOL     TYP                       WERTE                     *
*                                                                       *
*    1    PO         POINT        0.0000       0.0000      15.4000      *
*    2    P1         POINT      -15.0000     -15.0000      15.4000      *
*    3    P2         POINT      -15.0000      15.0000      15.4000      *
*    4    P3         POINT       15.0000     -15.0000      15.4000      *
*    5    PM1        POINT      -40.0000       0.0000       0.0000      *
*    6    LX         LINE         0.0000      -1.0000       0.0000      *
*    7    LY         LINE         1.0000       0.0000       0.0000      *
*    8    L1         LINE         0.0000      -1.0000      25.0000      *
*    9    L2         LINE         0.0000       1.0000      40.0000      *
*   10    L3         LINE        -1.0000       0.0000      25.0000      *
*   11    L4         LINE         1.0000       0.0000      39.0000      *
*   12    PM2        POINT       15.5563      15.5563      15.4000      *
*   13    L5         LINE          .7071        .7071      22.0000      *
*                    EOI    AUF    TAPE  11   ERREICHT                   *
**************************************************************************
```

Bild 5-22:   Organisationsliste der Übergabe geometrischer
             Informationen an die Geometriedatenbank

die je nach Aufbau der Datenbank und deren Rechnerorganisation
darzustellen sind. Im vorliegenden Fall entspricht die Datenbank dem in Bild 4-16 gezeigten Konzept. Die werkstückspezifischen Dateien werden sowohl beim Abspeichern als auch beim
Anfordern als eine Einheit angesprochen. Jeder Abspeicherungs-
vorgang wird im Datenbankkopf vermerkt und die spezifische Datei an das aktuelle Ende der Datenbank angesetzt. Bild 5-23
zeigt das Beispiel eines Teileprogramms zur Beschreibung von
Bearbeitungsaufgaben an dem dargestellten Werkstück. Mit dem
Systemkommando GEOSAF/1,20 werden die Verarbeitungsergebnisse
der Geometrieverarbeitung auf die Datei 20 der Geometriedatenbank übergeben. Die mit der Teileprogrammverarbeitung erstellte
Organsiationsliste verdeutlicht den Bezug zu den im Teileprogramm definierten Geometrieelementen (Bild 5-22).

5.6   Informationsfluß in den zentralen Systemkomponenten bei der Verarbeitung von Basisgeometrieelementen

Nach der Darstellung von Realisierungsmöglichkeiten zentraler,
für alle Systemaufgaben anwendbarer Komponenten und deren Funktion innerhalb des Gesamtsystems, wird abschließend der Informationsfluß zwischen diesen Funktionsbausteinen bei der Verarbeitung von Teileprogrammanweisungen und Geometrieinformationen
aus einer permanenten Datei aufgezeigt.

Entsprechend der festgelegten Systemstruktur sind die genannten
Verarbeitungsphasen in funktionsorientierten Moduln realisiert
(Bild 5-24). Kennzeichnend ist, daß für die Systemverwaltung
und Interpretation der Anweisungen je ein Funktionsbaustein
vorgesehen ist, während die Verarbeitung der Basisgeometrieelemente in zwei Moduln durchgeführt wird. Wesentliche, schon
genannte Gründe dafür sind einerseits die Gewährleistung der
flexiblen Systemanwendung zur Bereitstellung geometrischer Daten für alle Anwendungsfälle und andererseits die Zielsetzung,
beim Aufbau der Moduln einen bestimmten Programmumfang nicht

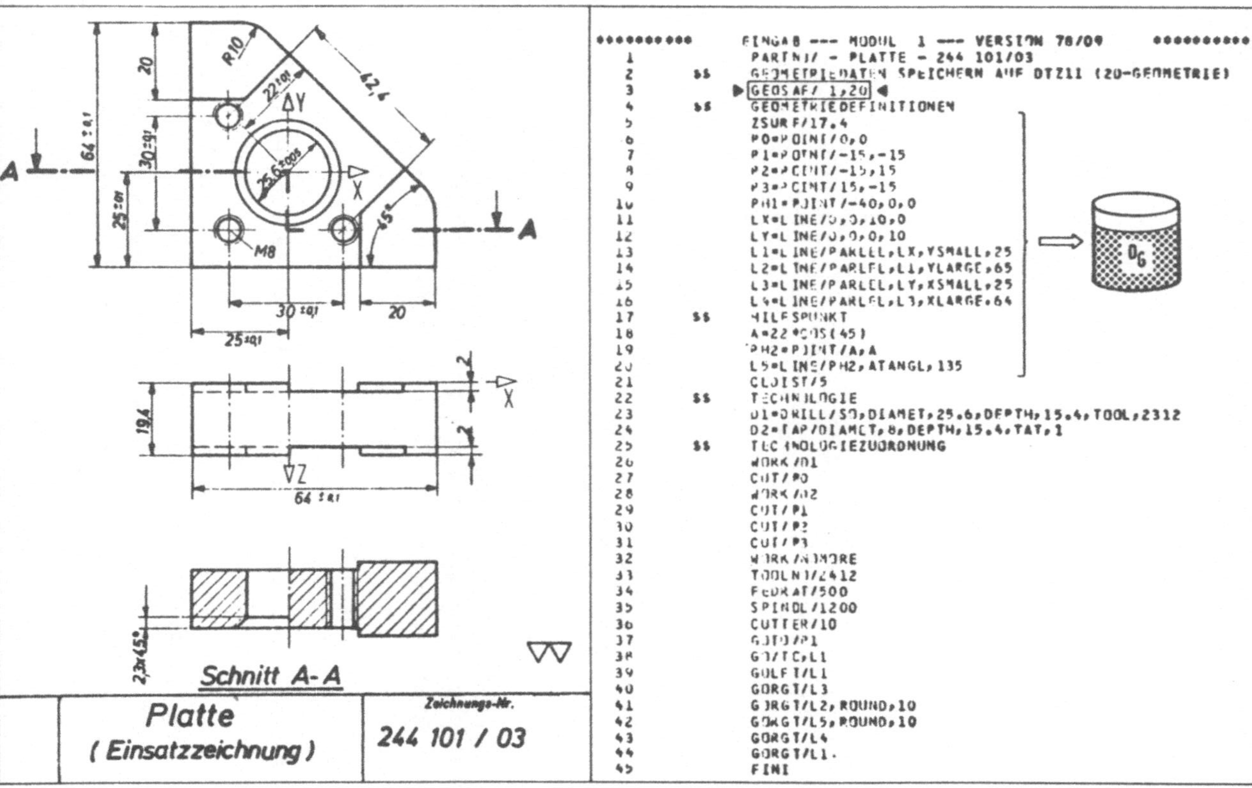

Bild 5-23: Beispiel eines Teileprogramms mit Informationsübergabe an die Geometriedatenbank

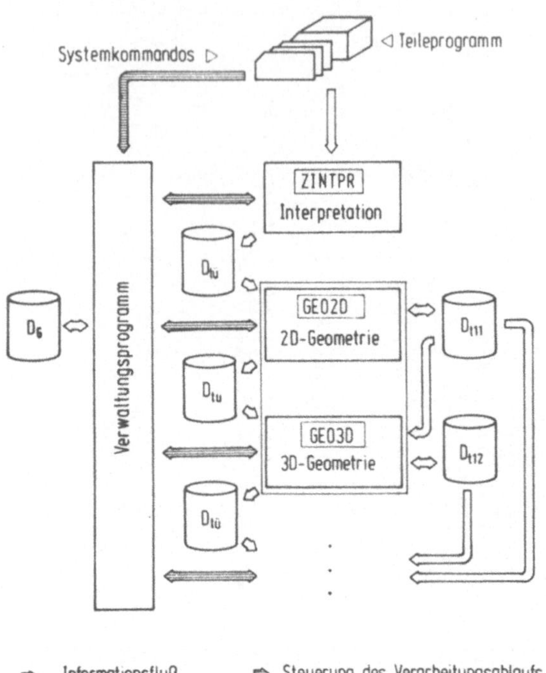

Bild 5-24:   Informationsfluß in den zentralen Systemkomponenten

zu überschreiten. Letzteres entspricht der Forderung, neben
der Struktur die Größe einzelner Systemteile so auszulegen,
daß eine Systemimplementierung auch auf Rechenanlagen der mittleren Größe vorbereitet ist.

Zusammenfassend zeigt Bild 5-25 auszugsweise ein Restteileprogramm zur Meßaufgabenbeschreibung für das in Bild 5-23 gezeigte
Werkstück. Die Geometriedaten werden von der Datenbank über die
Anweisung PERDAT/20 angefordert. Diese Informationen sind bei
der Verarbeitung des Teileprogramms zur Bearbeitungsdefinition
an die Datenbank übergeben worden. Um die Arbeitsweise des Systems zu verdeutlichen, sind die Anweisungen zur Meßtechnologie-
beschreibung und zur Definition von zusätzlichen Geometrieelementen dargestellt, die auf Informationen der Datenbank zurückgreifen.

```
*****************************************************************************************************
*   INSTITUT FUER STEUERUNGSTECHNIK    *                                         *  INTEGRIERTES PROGRAMMIERSYSTEM FUER  *
*   DER WERKZEUGMASCHINEN UND          *                                         *  NC-FERTIGUNGSAUFGABEN                *
*   FERTIGUNGSEINRICHTUNGEN            *  DATUM =  12/08/78    UHRZEIT =  09.01.07.  *                                   *
*   7000 STUTTGART 1 , SEIDENSTR. 36   *                                         *  IMPLEMENTIERT AUF DER CD-CYBER 176   *
*   PROF.DR.-ING.G.STUTE               *                                         *                                       *
*****************************************************************************************************

                                  ****************************************************************
                                  *                                          *             *           *
* SYSTEMKOMMANDOS *               *  LADESEQUENCE FUER FUNKTIONSBAUSTEINE    *  KENNUMMER  *   NAME    *
*******************               *                                          *             *           *
**  STYPE/  4    **               ****************************************************************
                                  ****************************************************************
                                  *  SYSTEMANWENDUNG  :          MESSEN      *             *           *
                                  ****************************************************************

**********     IFPS-KERN --- MODUL  0 --- VERSION 78/01     **********

**********     EINGAB --- MODUL  1 --- VERSION 78/09     **********
        PERDAT/ 20
                PARTNO/-PLATTE-244101/03
                MACHIN/UMM500
        $$      GEOMETRIE LIEGT AUF PERDAT 20
        $$      AUTOMATISCHES EINMESSEN
                TOOLNO/11,2
                CALIB/AUTO,1
        $$      MANUELLES ANTAST ZUM AUSRICHTEN
        $$      3-PUNKTE AUF XY-EBENE
                MP=MEASPT/MAN,3
        $$      SOLLEBENE ERFORDERLICH ZUR RECHNERISCHEN AUSRICHTUNG
                PL1=PLANE/P1,P2,P3
        $$      Y-ACHSE
                MP2=MEASPT/MAN,2
        $$      X-ACHSE
                MP3=MEASPT/MAN,1
        $$      VERKNUEPFUNG ZU ISTELEMENTEN
                PL1I=CONEL/PLA,MP,1,THRU,3
                PL2I=CONEL/PLA,MP2(1),MP2(2),PERPTO,PL1I
                LI1=CONEL/LIN,INTOF,PL2I,PL1I
                PL3I=CONEL/PLA,MP3,PERPTO,LI1
        $$      AUTOMATISCHES AUSRICHTEN
                ALIGN/PL1,TO,PL1I,L3,TO,PL2I,L1,TO,PL3I
        $$      MESSPUNKTAUFNAHME
                V1=VECTOR/0,0,1
                C0=CYLNDR/P0,V1,(10/2)
                 . . .
                C1=CYLNDR/P1,V1,(8/2)
                C2=CYLNDR/P2,V1,(8/2)
                C3=CYLNDR/P3,V1,(8/2)
        $$      SOLLELEMENTE
                CI0=MEASEL/   C0,CYL,10,ZMAX,19.4,ZMIN,0,IN
                PL4I=MEASEL/   L5,PLA,5,ZMAX,19.4,ZMIN,0,XMAX,30,XMIN,-5,NEGY
```

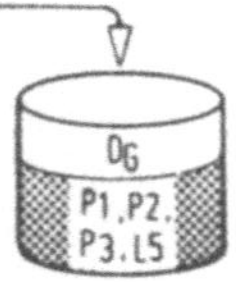

Bild 5-25:
Beispiel einer Meßaufgabenbeschreibung und bereichs-
Überschreitender Geometrieverarbeitung

6 Zusammenfassung

Mit der zunehmenden Nutzung und Entwicklung von NC-Maschinen zur
Produktivitätssteigerung ist eine durchgehende Automatisierung
des Informationsflusses in allen Produktionsbereichen verbunden.
Dementsprechend wurden und werden in diesen Bereichen Maßnahmen
eingeleitet, die eine rechnerunterstützte Informationsverarbeitung, -handhabung und -bereitstellung zur Folge haben. Die
Analyse der Informationsverarbeitung im Produktionsprozeß zeigt,
daß zur Lösung der genannten Probleme Hardware-Software-Systeme
eingesetzt werden, die auf einen bestimmten Bereich abgegrenzt
sind.

Neuere Erkenntnisse und Betriebsgeschehen beweisen, daß mit
einer informationsschlüssigen Kopplung der Betriebsbereiche
im Sinne einer integrierten Informationsverarbeitung eine weiterführende Automatisierung erreicht werden kann. Bei geeigneter Auslegung und Auswahl der dazu erforderlichen Systeme
führt dies sowohl zu einer schnellen, fehlerfreien Informationsverarbeitung, als auch zu einer störungsfreien und flexiblen
Informationsbereitstellung. Dabei sind Verfahren zur Bildung
integrierter Teilbereiche im Hinblick auf eine anwenderfreundliche Nutzung und auf eine weiterführende Integration in übergeordnete Systeme von Vorteil.

Als Definitions- und Ordnungskriterien wurden die Begriffe
Programmsystem, problemorientiertes und fertigungstechnisch
orientiertes Programmiersystem herangezogen. Die Darstellung
von Produktionsbereichen sowie des damit verbundenen Informationsflusses und die Aufteilung betrieblicher Informationen
führen zur Abgrenzung einer Verarbeitung technischer Informationen bei der rechnerunterstützten NC-Steuerdatenerstellung.

Die Grundlagen für den Aufbau eines integrierten Systems zur
NC-Programmierung bilden die Darstellung von Möglichkeiten der
Steuerdatenerstellung und die Analyse der Informationsverarbei-

tung in APT-ähnlichen Programmiersystemen. Für die Auslegung des Systementwurfs bzw. den Aufbau zentraler Systemkomponenten war eine erweiterte Unterteilung der Verarbeitungsphasen in APT-ähnlichen Systemen erforderlich. Die Anwendungseigenschaften und mögliche Verbesserungen beim Einsatz der genannten Systeme bestimmen die Anforderungen an ein integriertes NC-Programmiersystem.

Das für eine Verknüpfung bestehender Systeme geeignete Integrationsprinzip wurde anhand möglicher Verfahren herausgestellt und dabei auf besondere Erweiterungen hingewiesen. Mit der Festlegung eines Strukturkonzepts und der Auswahl von Basissystemen konnten die Voraussetzungen für den Entwurf von zentralen Systemteilen bestimmt werden.

Anhand einer funktionalen Analyse der einzelnen Verarbeitungsphasen, durchgeführt entsprechend dem Informationsfluß vom Teileprogramm bis zur Steuerdatenaufbereitung, wurden Möglichkeiten und dazu erforderliche Verarbeitungsalgorithmen erarbeitet, die den Aufbau zentraler Systemkomponenten gewährleisten. Die Auslegung des integrierten Programmiersystems und die abschließende Realisierung der einzelnen Komponenten verdeutlichen die Arbeitsweise des Gesamtsystems und den damit verbundenen Informationsfluß bei der Systemanwendung.

Die vorliegende Arbeit zeigt damit dem Anwender und Entwickler von NC-Programmiersystemen, wie mit einer geeigneten Auswahl vorhandener Systeme sowie entsprechenden Maßnahmen zur Erweiterung und Änderung ein integriertes System zur NC-Programmierung aufgebaut werden kann, das einerseits als selbständiges System und andererseits als Teil eines integrierten Gesamtsystems im Produktionsbereich einsetzbar ist.

Berichte aus dem Institut für Steuerungstechnik der Werkzeugmaschinen und Fertigungseinrichtungen der Universität Stuttgart

Herausgegeben von Prof. Dr.-Ing. G. Stute

Bereits erschienen:

ISW 1: D. Schmid, Numerische Bahnsteuerung, 89 S., 1972

ISW 2: H. Schwegler, Fräsbearbeitung gekrümmter Flächen, 111 S., 1972

ISW 3: J. Eisinger, Numerisch gesteuerte Mehrachsenfräsmaschinen, 90 S., 1972

ISW 4: R. Nann, Rechnersteuerung von Fertigungseinrichtungen, 125 S., 1972

ISW 5: G. Augsten, Zweiachsige Nachformeinrichtungen, 140 S., 1972

ISW 6: B. Karl, Die Automatisierung der Fertigungsvorbereitung durch NC-Programmierung. 121 S., 1972

ISW 7: H. Eitel, NC-Programmiersystem, 117 S., 1973

ISW 8: E. Knorr, Numerische Bahnsteuerung zur Erzeugung von Raumkurven auf rotationssymmetrischen Körpern, 131 S., 1973

ISW 9: S. Bumiller, Viskohydraulischer Vorschubantrieb, 123 S., 1974

ISW 10: K. Maier, Grenzregelung an Werkzeugmaschinen, 139 S., 1974

ISW 11: J. Waelkens, NC-Programmierung, 159 S., 1974

ISW 12: E. Bauer, Rechnerdirektsteuerung von Fertigungseinrichtungen, 138 S., 1975

ISW 13: H. König, Entwurf und Strukturtheorie von Steuerungen für Fertigungseinrichtungen, 206 S., 1976

ISW 14: H. Damsohn, Fünfachsiges NC-Fräsen, 143 S., 1976

ISW 15: H. Jetter, Programmierbare Steuerungen, 141 S., 1976

ISW 16: H. Henning, Fünfachsiges NC-Fräsen gekrümmter Flächen, 179 S., 1976

ISW 17: K. Boelke, Analyse und Beurteilung von Lagesteuerungen für numerisch gesteuerte Werkzeugmaschinen, 106 S., 1977

ISW 18: F.-R. Götz, Regelsystem mit Modellrückkopplung für variable Streckenverstärkung, 116 S., 1977

ISW 19: H. Tränkle, Auswirkungen der Fehler in den Positionen der Maschinenachsen beim fünfachsigen Fräsen, 103 S., 1977

ISW 20: P. Stof, Untersuchungen über die Reduzierung dynamischer Bahnabweichungen bei numerisch gesteuerten Werkzeugmaschinen, 118 S., 1978

ISW 21: R. Wilhelm, Planung und Auslegung des Materialflusses flexibler Fertigungssysteme, 158 S., 1979

ISW 22: N. Kappen, Entwicklung und Einsatz einer direkten digitalen Grenzregelung für eine Fräsmaschine mit CNC, 123 S., 1979

ISW 23: H.G. Klug, Integration automatisierter technischer Betriebsbereiche, 124 S., 1978

ISW 24: D. Binder, Interpolation in numerischen Bahnsteuerungen, 132 S., 1979

ISW 25: O. Klingler, Steuerung spanender Werkzeugmaschinen mit Hilfe von Grenzregeleinrichtungen (ACC), 124 S., 1979

ISW 26: L. Schenke, Auslegung einer technologisch-geometrischen Grenzregelung für die Fräsbearbeitung, 113 S., 1979

ISW 27: H. Wörn, Numerische Steuersysteme. Aufbau und Schnittstellen eines Mehrprozessorsteuersystems, 141 S., 1979

ISW 28:   P.B. Osofisan, Verbesserung des Datenflusses beim fünfachsigen NC-Fräsen,
           104 S., 1979

ISW 29:   J. Berner, Verknüpfung fertigungstechnischer NC-Programmiersysteme,
           101 S., 1979

In Vorbereitung:

ISW 30:   K.-H. Böbel, Rechnerunterstützte Auslegung von Vorschubantrieben, ca. 112 S., 1979

Springer-Verlag
Berlin · Heidelberg · New York